服務制勝

提升通路競爭力！

吳文輝 著

成就品牌與市場的無縫銜接

建構強大服務體系，
贏得顧客信賴，
引領市場潮流，
實現品牌的創新突破

以消費需求為核心建立通路，靈活應對市場變化

透過資源整合保障穩定銷售

建立生產者與消費者之間的無縫連結

從競爭對手中脫穎而出，取得主導地位

企業品牌塑造，新時代的網路行銷模式

目錄

目錄

▌第四章　通路維護，守護企業的生命線

▌第五章　通路鼓勵，致勝的核心利器

▌第六章　通路創新，讓通路始終保有活力

▎第七章　通路服務，時刻不忘服務

▎第八章　網路行銷，行動網路時代的通路行銷模式

目錄

前言

　　在企業行銷的策略中，通路是整體定位中最重要的資產。或者可以說「得通路者得天下」，這是企業得以發展壯大的顛撲不破的真理。通路就像架在製造商與消費者之間的橋梁，要想贏得更多的消費者，就必須依靠通路來實現。因此，如果不透澈地理解通路、理順通路，那麼再有吸引力的產品，都會因為與消費者的有效接觸大打折扣而受到影響。通路是產品進入市場的突破口，企業擁有通路資源，是具有策略性意義的。如果沒有通路，那麼也就意味著產品與市場被硬性地分隔開來。在當今以買方市場為主體的大環境下，企業只要有了通路就可以創造價值。在這樣的年代裡，即使大到世界前 500 大的沃爾瑪，小到各個城鎮鄉村的郵局、雜貨店，都在以通路這個籌碼賺取利潤，而且對於產品的生產企業來說，通路不僅能造成一種傳遞產品的工具作用，還往往扮演著傳遞企業的文化理念、服務意識的重要角色。因而，企業一定要重視通路，並且要懂得利用通路，這樣才能使企業健康、穩定地發展並得以壯大。如果不重視通路，那麼企業在銷售和市場競爭中往往就會事倍功半。

前言

本書圍繞著如何推動通路創新、開拓與鼓勵等方面進行了詳細的闡釋。

從認識通路開始，指出銷售的本質實際上就是通路設計，進一步闡釋在通路致勝的今天，掌握通路就掌握了行銷致勝的法寶，也就掌握了市場營利的主動權。

在通路的選擇中，應以滿足消費者的需求為準則，只有選擇一條具有持續競爭力的銷售通路，才能使通路在企業的發展中發揮巨大的作用。

如何開拓通路，才能使產品在市場上流通無阻？通路開拓的更高境界是與零售商建立雙贏關係，這樣才能更快、更多地銷售產品。

系統闡述了通路維護的重要性，因為通路是企業的生命線，守護好通路建構，也就是守護好了企業的生命。

對通路刺激進行了深入的探討，認真研究如何利用通路致勝這個核心利器，尤其在產品同質化嚴重的市場環境下，企業能否脫穎而出，更要依靠通路競爭。

探索通路創新的各種途徑，如何實施資源整合策略，才能讓通路始終保有「活水」，只有手中有別人想要的資源，才能夠調動和利用別人的資源。

研究的是通路服務問題，企業無論在什麼時候都不能忘記服務，因為如果通路是產品的銷路，那麼服務就是通路中

的水。如果服務得不到重視，就會使原來的通路逐漸淪為他人的通路。

主要圍繞網路行銷 E 時代而展開，系統分析網路行銷中有哪些重要的通路行銷模式，如何藉助於網際網路通路來實現行銷目標，是網路經濟時代的一種行銷新理念。

當您讀完本書後，您將更加系統地掌握有關企業通路的管理知識，而這恰恰是一位企業經理人、企業高級主管和有志於企業發展的所有人員應具備的最新理念。這本書就像一個資料庫，為了使讀者方便地學以致用，在編著本書時更多地借鑑了全國乃至世界成功企業的先進經驗，使您能夠有效地了解和選擇通路形式，自如地設計合理的銷售通路，並全面系統地進行通路管理，成功解決各種分銷通路之間的衝突，使企業在有效的通路管理中得以持續、穩定、健康發展。

第一章

認識通路，銷售就是通路設計

　　行銷，通路很重要，在通路致勝的今天，誰掌握了通路，誰就掌握了行銷致勝的法寶；誰掌握了行銷市場的主動權，誰也就擁有了贏得更多利益的可能。

得通路者，得市場

　　現在的行銷市場，離不開通路的流通。通路是企業最重要、也是變數最大的資產之一，它是生產者把產品在向消費者轉移的過程中所經過的途徑，以及相應的市場銷售機構。通路控制著商品的流通，實現了商品的價值。企業需要透過通路發售各式各樣的貨物，消費者需要透過通路得到各式各樣的商品，通路就是交易中不可或缺的一大關鍵。

　　通路並不能使產品增值，但可以透過服務來使產品的附加價值得到成長；對企業而言，銷售通路造成了物流、商流、資訊流、資金流的作用，能夠完成廠商不容易完成的任務。行業不同、產品不同，企業的規模和發展階段不同，銷售通路的形態也不盡相同。

　　企業離不開通路，銷售更離不開通路。想要賣出更多的產品，創造更好的銷售業績，不僅需要靈活的推銷技巧，更需要建構廣闊的行銷通路。

　　那麼，到底什麼是行銷通路呢？它有什麼特點呢？它的主要職能又是什麼呢？

● 什麼是行銷通路

對於行銷通路，現代行銷學之父，美國的菲利普·科特勒（Philip Kotler）博士這樣認為：行銷通路是促使產品或服務順利地被用戶使用或消費的一整套相互依存的組織。簡單來說，行銷通路是指商品和服務從生產者向消費者轉移過程的某種途徑，它包括某種產品生產、供應和銷售過程中所有的企業和個人，如製造商、批發商、分銷商、代理商、零售商和最後消費者或用戶等。

行銷通路有時也被稱為分銷通路。美國行銷學者愛德華·肯迪夫和理查·斯蒂爾認為，分銷通路是指「當產品從生產者向最後消費者或產業用戶移動時，直接或間接轉移所有權所經過的途徑」。

但科特勒卻並不這麼認為。他認為，嚴格來講，市場行銷通路和分銷通路是不同的兩個概念。

菲利普·科特勒博士認為：「一條分銷通路是指某種貨物或勞務從生產者向消費者移動時，取得這種貨物或勞務的所有權或幫助轉移其所有權的所有企業和個人。因此，一條分銷通路主要包括商人中間商（因為他們取得所有權）和代理中間商（因為他們幫助轉移所有權）。此外，它還包括作為分銷通路的起點和終點的生產者和消費者，但是，它不包括供應商、輔助商等。」他說：「一條市場行銷通路是指那

些配合起來生產、分銷和消費某一生產者的某些貨物或勞務的一整套所有企業和個人。」但在現在的社會中，行銷通路和分銷通路這兩個概念大多時候都被混用了。

在行銷通路中，又分為傳統行銷通路和與之相對應的現代行銷通路。其中，傳統行銷通路是指以傳統傳播與交易工具為基礎的一類行銷通路。而現代行銷通路，則是指包括以電子商務為主要模式的網路行銷通路、電視購物行銷通路等。

傳統行銷通路具有以下特點：

1. 行銷通路的起點是生產者，終點是消費者（生活消費）和用戶（生產消費）。
2. 行銷通路主要參與者是商品流通過程中的各種類型的機構（中間商）。
3. 商品從起點（生產者）流向終點（最終消費者或用戶）的流通過程中，至少要經過一次商品所有權的轉移。

現代行銷通路具有以下特點：

1. 鮮明的理論性。
2. 市場的全球性。
3. 資源的整合性。
4. 明顯的經濟性。

5. 市場的衝擊性。

6. 極強的實踐性。

　　不論是傳統行銷通路還是現代行銷通路，都是市場行銷通路的一種模式。那麼，市場行銷通路的主要職能又是什麼呢？

　　從經濟理論的觀點來看，市場行銷通路的主要職能，在於將自然界中的各種原材料根據人的需求轉換成有意義的產品，並使人們透過各種方法來認識這些產品並加以利用。一個產品從生產到使用，涉及兩個獨立的群體，即生產者和消費者。而市場行銷通路對產品從生產者轉移到消費者所必須完成的工作加以組織，目的就是為了消除二者之間的差距。

　　市場行銷通路的主要職能有如下幾種：

1. 調查。即收集在制定計畫和進行交換時所需要的資訊。

2. 促銷。即對消費者或中間商進行說服性溝通以便於產品的銷售。

3. 接洽。即尋找具有購買意願的客戶，並和他們進行有效溝通。

4. 配合。即透過製造、分裝、包裝等活動，使所供應的產品符合購買者的需要。

5. 洽談。即為了轉移所供應產品的所有權，即售出產品，而就產品價格和其他有關條件達成最後協定。

6. 分銷。即商品的運輸和儲存。

7. 融資。即對為了補償通路工作的成本費用而對資金的取得與支用。

8. 承擔。即承擔市場行銷通路中可能出現的全部風險。

● 贏得市場，「通路為王」

通路，一直是困擾廠商的一大問題。如果生產者生產出了產品，而消費者卻沒有購買的通路，就達不到銷售的目的。可以說，通路就是連結生產者和消費者之間的一座橋梁。

現今社會，製造商的通路決策與管理所面臨的另一個巨大的挑戰，就是批發商和零售商等中間商的日益強大。這一點，全球大中型連鎖超市對小供應商施加的壓力，大型專賣店對家電企業的反制，都能充分證明。

如今，在分銷通路中處於領導地位的，不一定是生產商，而是有可能變大的中間商。也就是說，在今後的市場上，生產商不僅需要考慮同為生產者的製造業的競爭對手，還必須考慮怎樣獲得通路的控制權以及怎樣更快地適應通路結構的變化。

比如說近幾年崛起的某百貨商，僅僅憑藉零售文化用品，取得了驚人的展店成績。是什麼讓這間百貨商從眾多同行企業中脫穎而出，創造奇蹟呢？

在通路鋪設上，它考慮到自身產品單價低、利潤小的特點，並沒有沿用傳統的靠業務員跑業務的做法，而是力求在短時間內以最少的人力取得最好的通路鋪設效果，透過「借力」的方式，創造性地推出了「快速消費品大流通模式＋直銷模式」，建構出了一個夥伴金字塔式的銷售網路，建立了多家分公司，並發展從大範圍直到鄉鎮的經銷，將分銷通路分為四個層級。

目前，該百貨商已經擁有近 30 間配送中心，近 2,000 個二、三級通路合作夥伴，30,000 餘個直控零售終端，並且與家樂福、沃爾瑪等大型超市和便利商店建立了長期穩定的合作關係。強大的行銷網路，能夠保證該百貨商的產品能在 7 天內到達該國每一座城市。而通路扁平化管理，既加強了百貨商對通路的掌控管理，也保證了銷售通路的穩定暢通。

除此之外，該百貨商還推陳出新，提出了「示範門市」的概念。示範門市建立的是一種合作夥伴關係，強調雙贏，目前各地經銷基本都達到了獨家代理。通路的開拓並不需要管理團隊投入過多的精力，其經銷商自會為了維護自身利益而發展。

以示範門市為基礎，又啟動了連鎖店計畫，在多個城市設立了連鎖店，並透過建立完善的服務體系，對終端提供週期性的服務，進而帶動原有的示範門市，使得終端更為穩固。

隨著自由市場經濟的日益多變，廠商所面對的專業程度也越來越高，市場細化更是如此。絕大多數的生產廠商，如

果固守原有的傳統通路系統，就很難適應已經飛速發展變化的市場。現在，通路系統在變化，市場環境在變化，消費者的需求在變化，多種多樣影響企業行銷決策的環境因素層出不窮，企業通路決策與管理的難度可想而知。雖然這些變化增加了企業通路選擇難度，但同時也讓生產廠商有更多可供選擇的通路模式、通路成員和管理工具。

如此看來，通路不但是公司與競爭者進行銷售競爭的手段或工具，同時其自身也是一種被同行所競爭的資源。作為資源的同時，通路是具有有限性的。由於通路的調整更改設計流程極其複雜，需要付出高昂的代價，因此，銷售公司在制定通路決策及管理政策時，一定要特別謹慎。

既然通路如此重要，企業必然不可掉以輕心。不過，如果盲目地依賴通路，也不是銷售中的上策，畢竟通路只是價值鏈中的一個流程，不能單獨執行。當然，透過對通路能力的提升，可以鍛造競爭優勢，藉此鑄就企業的核心能力。總而言之，通路絕不是萬能的，但沒有通路，卻是萬萬不能的！儘管通路難做，但也是不得不去做的。通路的優勢來源，其關鍵就在於提升速度，搶占市場先機。

然而，近年來的很多公司，並沒有針對行銷環境的變化而採取相應的變革方案，使得行銷成員間的合作關係不到位、資訊網建構不到位，導致了各級中間商開始惡性競爭，

致使產品市場的占有率損失了很大一部分。因此，怎樣及時把握當前行銷環境的變化，適當改進行銷通路策略，充分利用行銷通路線路，將競爭化為合作，儼然已經成為現代企業關注的首要問題。

「得通路者，得市場」，通路在整個市場行銷中起著舉足輕重的作用。說到底，市場行銷的實質，就是「賣什麼」和「如何賣」的問題。這裡的「如何賣」，指的就是「通路策略」。縱觀現代企業的輝煌歷史，通路策略可以分為兩種：直接通路的行銷策略和間接通路的行銷策略，即我們所說的「直銷」和「間銷」。名列世界前 500 大企業之一的戴爾公司是直銷的典範，它的成功就是以現代社會的大規模需求、靈活有效的資訊傳遞方式，以及產業鏈各個流程的成熟發展作為前提的。在戴爾公司之前，也有很多人利用過類似的銷售方式，但大都由於現實因素的干擾而無法實現。在競爭環境下，市場的執行是有其內在本質規律的，並且，這種規律是不以不同行業及個人的意志而發生轉移的。在競爭環境下，若想取得勝利，究其根本，就是能夠比競爭對手更透澈地理解用戶的需求，更準確地把握用戶的感受，從而能夠為用戶提供更貼心更適宜的服務。想要做到這一點，競爭企業就必須擁有一套特別發達的反應系統和神經系統。而只有高度市場化的銷售體系和通路體系，才能有效地牽動這套系統的最前端驅動運轉起來。

通路：企業塑造品牌的最佳平臺

通路先行，還是品牌先行？許多企業經營者，往往在實踐企業的發展藍圖時，都會存在這樣的疑惑。這也是很多製造商心裡存在的一個大問題。

事實上，有許多企業在成功啟動通路後，品牌卻遲遲跟不上，以至於在通路後期運轉時沒有新的動力，最終無奈與成功失之交臂。

全球最大的體育用品公司 Nike 公司，委託其代工工廠加工一雙運動鞋，成本只需要幾十元，而一旦貼上 Nike 的品牌標籤後，立即身價大增，哪怕幾百上千元依然大受歡迎，而同一廠商生產的同等品質產品，只因為沒有那「一勾」，哪怕售價只有幾十元，也依舊無人問津。並非其產品品質不好，也不是銷售通路不夠完善，僅僅因為缺少了品牌效應，其產品不被消費者所認知、所喜愛，就使得同樣的產品遭到了不同的待遇。

因此，企業只有讓通路與品牌相輔相成，讓通路與品牌共同成長，才能使通路建構的成長階段進入良性循環。

　　通路既是造成了銷售的作用，又是品牌建構的平臺。通路作為企業塑造品牌的最佳平臺，必然要求通路策略必須是市場和消費者的導向，即整個通路的行銷活動，應當根據目標消費族群的變化和市場環境的變化一同改變。這就要求生產廠商既要有高效的資訊通路，又要具有足夠的通路控制力。從客觀上來講，要以通路為企業行銷體系的主導，而促銷策略、價格策略、產品策略等，首先應服從通路的發展策略。

　　很多人的觀念裡對通路暢通存在著一個偏誤。在這些人看來，微利是推動通路暢通的主要原因。這是由於微薄的通路利差已不能支撐層級通路結構，所以提出將通路扁平化，削減通路層級，用來增加中間商的通路利潤，加大通路的推力。

　　其實，這種理論並不完全正確。當市場逐漸成長的時候，客戶數量也隨之增多，要管理好這些客戶，就必須隨之按比例增加管理者的數量和管理的層級。這時削減層級，就會更快速地令通路管理的業務人員或者中間商的管理幅度增加。這個增加速度一旦超過管理人員能力的提升，就會使管理效率降低，乃至無效管理，嚴重混亂了通路管理秩序。

　　由此看來，在創業初期，企業要實現物流通路的扁平化是很不實際的。並且，就中間商來講，生產廠商也很難在短期內讓經銷商改變經營模式。

　　這是因為，單個品牌經營模式變革不易。一般情況下，經銷商代理多個品牌。要是單單讓某一廠商的通路進行扁平化變革，而其他品牌通路重心不下沉，一般來講對經銷商而言是不划算的。因為要是這樣做的話，經銷商的戰線就會拉得很長，配送效率就會降低，並且如果同時做二次批發和終端銷售，就會擾亂通路秩序，令經銷商變成擾亂市場的始作俑者而受到抵制。由此可見，經銷商是保障通路暢通的第一阻力。

　　換言之，從表面上看，將經銷商換成幾個新的分銷商，似乎能夠實現物流通路扁平化，但在通路初期階段，還沒有對通路全盤掌控的時候，就冒著大量客戶流失的風險砍掉經銷商，未免有些得不償失。

● 品牌化通路的建構

　　企業內部環境和企業外部環境之間存在著三大循環：物流、資金流和資訊流。在企業開拓市場的初期階段，這三大循環是重合的。隨著通路的逐漸成熟發展，三者逐漸分離。所以，通路建構又可分為物流通路建構和資訊通路建構。其中，資訊通路是由下而上的從消費者流向生產廠商。資訊通路的效率是品牌建構的基礎，也是決定企業成敗的關鍵。為使通路與品牌共同成長，在進行品牌化通路的建構時，企業者必須把握好以下幾點：

第一，市場行銷的核心是為了滿足消費者的需求。企業在研發產品和塑造品牌時，必須以消費者為中心。根據消費者的心理需求塑造品牌，這是企業打造品牌的前提條件。

要做到以消費者需求為導向，就要把消費者放到首位，掌握消費者的需求變化和對品牌的認知。直指消費者的核心需求所在，還要釐清需求取向的變化，觀察品牌的定位是否偏離了消費者的需求，同時確認消費者需求滿足的程度。現代社會是競爭的時代，誰能快速準確地把握這些資訊，誰就能搶占產品研發和品牌傳播的先機，就能保證行銷策略隨著市場的變化而變化。

第二，要深刻地意識到在現在的市場中，企業之間的競爭更多的是經營管理效率的競爭。當前中小型企業面臨的最緊迫的問題之一，就是怎樣將資訊技術更加有效地應用在企業通路物流管理方面，並以此為基礎建立起企業的競爭優勢。

就比如說，直接從終端市場的訂單預估市場需求量，要比經過終端市場到二次批發、再到經銷商和廠商的訂單資訊，準確度更高，風險更小，更能有效規避通路「長鞭效應」。生產計畫以市場需求為推動，就會更加科學，資源的配置和企業營運效率也必然會得到提高，能夠對市場反應及時、提高物流效率和提升配置服務水準等。

另外，資訊通路是獲得績效指標完成情況、市場策略執行情況等市場回饋的重要通路。資訊通路越暢通，獲得資訊的效率就會越高；資訊傳達的層級越少，資訊過濾和資訊失真機率就越小，資訊的時效性也就會越高，企業對市場的反應能力也就越快速。但每家企業的消費者導向程度是不同的，所以，並非所有的企業都能建立起以消費者為導向的行銷體系。

要形成以消費者為導向的行銷體系，企業在深度分銷演進的不同階段所獲得的資訊效率是不一樣的，分銷重心越往下沉，企業與目標消費族群的互動與溝通的機會就會越多，所掌握的市場資訊的真實性與實效性就越高。

● 品牌化通路的運作

資訊通路的開發是品牌化通路建構的一大關鍵。資訊終究是透過人員來傳遞的，所以，資訊通路的開發，首先就要在行銷組織架構創新。

在傳統的通路經營模式中，建構和維護通路的銷售者被認為是業務人員，而那些負責廣告設計和推廣活動策劃的銷售者則被歸為行銷人員。從通路動力方面來看，負責執行「推力性」的是業務人員，而負責品牌建構等「拉力性」動作的是行銷人員。兩者看上去互不相干，各行其職。

從通路營運循環方面來講，在品牌化通路的運作上，業

務人員依舊負責維護通路通暢，而行銷人員則負責資訊通路的靈活。不同的是在策略層面上，行銷部領導業務部門；而在執行層面上，業務部門主導行銷部。

在市場運作中，首先是由行銷部主導，業務部參與決策，負責制定策略性行銷策略，令業務部和行銷部在策略上達成共識，並進行計畫詳解。

其次，由業務部組織，而行銷部的推廣人員作為協調者，直接在業務部的監督控制下幫助中間商執行行銷方案，保證行銷部與業務部在執行層面上的同一性。

除此之外，行銷部將稽核活動效果的回饋資訊，以確保執行方案不會發生變形，保證戰術策略與總策略在方向上保持一致。這樣，業務部在與行銷部互相制約、互相監督的同時，也能夠相互支持配合，杜絕了二者互不相干、各主其事的混亂局面，使品牌建構與通路建構共同成長。

在通路建構過程中，廠商可運用逐漸融合、滲透終端的手段來貼近消費者，改變過去廠商獨立的局面，最終達到從終端控制整個通路體系的目的。

由此可以看出，如果廠商融入到中間商之中，既可以整合雙方，實現優勢互補，又可以有效地利用多方資源，達到改善和控制通路的雙重目的，同時也能達成打造品牌化通路的長遠構想。

有實力的產品＋通路流暢＝完美銷售

　　當今社會形勢下的市場面臨著一個重要的問題：產品同質化情況日益嚴峻。不同廠商生產的產品不僅在外觀、性能上趨於雷同，甚至在行銷手段上也近似相同。想要在這種市場環境下脫穎而出，不外乎做好兩個建構：一是品牌建構，二是通路建構。只有將這兩者建構發展起來，企業才能打造出自身優勢。那麼，品牌和通路到底孰輕孰重？企業應該先建構誰後建構誰？這個問題至今沒有一個準確的答案。

　　但是，可以肯定的是，我們進行品牌建構和通路建構的最終目的是為了行銷。不論品牌還是通路都是企業行銷的策略之一，它們相輔相成，共同發展。無論是單純依靠品牌，還是單純依靠通路，企業都很難大有發展。

　　大多數的產品從生產線到消費線，都要面對三個問題：中間商是否願意出售、消費者是否願意購買、消費者購買是否方便快捷。在這裡，第一個問題和第三個問題與通路息息相關，第二個問題則受品牌的直接影響。

　　目前的零售市場，有這樣一種現象：在沃爾瑪、大潤發

等知名的大型連鎖超市裡，像米、麵、油和一些日常家用產品，即便產品本身並不知名，但只要品質過得去，也能銷售得很好。這是因為隨著這些強勢的銷售終端崛起，品牌對消費者產生的影響已經越來越不明顯，而這些強勢的銷售通路正在消費者心裡慢慢地變成品質和信譽的代表。所以，即使很多產品並沒有名氣，但因為被通路商所銷售，同樣能受到消費者的完全信任。

由此可知，企業想要生存和發展，就一定要建構起自己穩定的通路。想要保證通路良好暢通，一般要達到以下幾個標準：

● 通路要形成規模

毫無疑問，通路之所以能夠影響產業發展，其重要原因之一就是規模。通路只有形成一定的規模，才能使通路成員占據價格談判的優勢。這時資金就會得尤為重要：只有資金充足，才能在談判中擁有足夠的話語權。誠然，在很多時候，大多數製造商資金流並不充裕。這時通路成員就顯現了它的作用：通路成員擁有大量的資金流，還有充足的現金可以用來直接採購。正是因為這資金富足的通路，所以在客戶談判中，通路才能夠占據優勢，才能按照自己的意願進行採購，而不被他人左右。

● 通路要累積人氣

使通路成員趨之若鶩的另一個重要的經營目標就是人氣。大型賣場選擇開在市中心等客流量極大的地方，而這些具有消費潛力的場所本身為數不多，可以稱得上是資源稀缺。在製造商爭奪通路的過程中，擁有了這些資源，通路成員在談判時就擁有了更大的籌碼。相同情況，在面對消費者時，其他類型的通路成員要麼擁有更多客流的店址資源，要麼擁有興旺的購買客戶資源。這些資源都是人氣的具體表現。

人氣旺盛往往會匯聚人脈。和製造商相比，通路成員的最大優勢就是當地優勢。而在當地優勢中，最主要的就是當地人脈。具有人脈優勢後，無論是與當地相關部門的合作與談判，還是處理緊急的突發情況，當地通路都具有便利快捷的人脈優勢。而製造商作為外來戶，因為語言、習俗等原因難以擁有這樣的優勢，自然不能獲取更多的當地人脈資源。

● 通路要保持暢通

為什麼說通路順暢是關鍵？這是因為只有通路暢通，產品銷量才能提高，製造商才能擴大市場占有率和產品覆蓋率，才能強化產品和企業的影響力。只有利用暢通的通路快速開啟市場局面，才能搶占市場的制高點。通路成員影響製

造商的重要資源之一就是通達的通路網路。中間商經營的主要資產是一個能夠大範圍覆蓋區域的網路。優秀的企業能夠創造性應用通路，降低銷售成本，迅速發展業務，最終建立一個忠誠的顧客群體。某集團便建立了一條半封閉式的分銷網路，做到了一夜之間就將產品布滿市場的佳績，並得到了通路成員極高的忠誠。該集團最終也因此成為民眾心目中最優秀的企業之一。

建立暢通通路的目的，就是怎樣最快速地把產品優先送到消費者手中。終端銷售商可以用買贈、折扣等促銷方式快速銷售產品，以達到完成製造商啟動消費、衝擊銷量等多種銷售目標，終端銷售商也可以藉此收取一定的促銷費、管理費，達到盈利的目的；而經銷商的「全面鋪貨」，既可以作為製造商打進市場的手段，又能夠作為通路進攻手段打擊對手。因此，經銷商就有權利要求製造商，為他們提供鋪貨與退貨換貨等支援。

● 通路要實現創新

當今社會，創新是永恆的主題，在行銷學中也不例外。如果企業的自身產品技術不夠先進、品牌不太突出、價格又不占優勢，又或者是行業競爭激烈的中小型企業，不妨另闢蹊徑，對自身產品特點和相關的通路模式認真加以研究探

索，找到那個能夠扭轉局面的關鍵之處，逐步提高自身優勢，漸漸形成通路差異化，從而跳過產品同質化的陷阱，在市場困境中成功突圍。用通路創新的方法抵制產品同質化雖好，不過需要特別注意的是：隨著市場環境的不斷變化，要創新就要不斷地調整自己的思路，跟隨市場，力求更加貼近消費者心理。

除了個體強大的通路力量之外，那些借用了連鎖形式的通路，更是規模宏大、發展迅速。從超市、家電專賣、平價藥妝店、書店、服裝等產品專賣店，到洗衣、汽修、電器維修等服務專賣店，都曾藉此形式發展。其實，不論哪種類型的通路連鎖店，都是通路中強而有力的推動力。如連鎖最多的服裝業，它的銷售終端由最開始的代銷，向專櫃和專賣店的方向迅速轉型，其客戶也隨之由原先的零散批發商，向除了批發之外還兼顧零售和擴張的區域加盟商這種新型通路商轉型。新穎流暢的行銷通路，與品牌知名度同樣重要。

通路設計要有正面心態

　　世界行銷大師曾說過，態度決定一切，技巧和能力決定勝負。正面的心態是成功與否的關鍵。一個精神空虛、自卑頹廢的業務人員，一旦遭受挫折就選擇退縮，永遠被過去的失敗所束縛，不再奮發向上。事實證明，客戶更願意在心態正面的業務員那裡購買他所需要的產品。所以說，通路建構的成功不僅僅在於產品本身的價值，還在相當程度上受業務員自身魅力的影響。只有建立正面的心態，勇於接受挫折，勇於面對失敗，能夠奮鬥不息，能夠勇於行動，才能走出一條成功銷售之路，才能成就一條通達的行銷通路。

● 培養正面心態，就要樹立自信心

　　什麼是自信？自信，就是相信自己，相信自己的優勢，相信自己的能力，相信自己的經驗，相信自己可以做得更好，相信自己能夠透過努力獲得成功，相信自己可以做到預定的銷售目標。

先哲有言，自信是走向成功的敲門磚。自信作為一種自我正面的心理暗示，能夠刺激人的潛能，給人們以必勝的信念，並將這種信念化為行動力，讓人竭盡全力地去完成自己的目標。而負面的心理預期，往往會讓人沮喪、洩氣、不思進取，最終導致失敗的發生。

培養自信心，業務人員首先要做的就是全面而深入地了解自己。從性格、特長、興趣、知識水準、能力水準到所具有的價值觀、自己的閱歷和經驗，以及以往的失敗帶來的教訓等。要對自己進行全面而準確的分析，明白自己的優勢和弱點，找到自己的不穩定因素，發現自己的潛能，並結合工作需求，綜合評判，全面衡量，做出正確、客觀的自我評價。這樣一來，業務人員就可以「揚長避短」，培養自信心。

在通路建構中，業務人員需要與各色人物打交道。想要說服這些菁英式的人物，並贏得他們的信任和讚賞，首先就必須相信自己的能力。只有信心百倍地勇敢面對客戶，才能最終有所收穫。一旦業務人員缺乏自信，害怕了、退卻了，不敢敲開客戶的大門，終將會一無所獲。

● 培養正面心態，就要克服自卑感

業務人員缺乏信心，一種情況是有自卑感，總覺得自己技不如人，甚至認為自己「不是幹業務的料」；還有一種

情況，就是有一種恐懼心理，怕被客戶拒絕，怕商品賣不出去，怕通路建不起來，甚至一些業務人員連客戶的大門都沒勇氣推開，害怕自己不受客戶待見。

自信與自卑僅一字之差，可這種微妙的心理差異，卻成為劃分成功與失敗的分水嶺。一年簽訂 4,988 份合約而成為世界第一推銷大王的日本推銷大師齊藤竹之助說過，自卑感是業務員的大敵，是阻礙成功的絆腳石。業務人員會因為這種自卑感而害怕失敗，逃避困難和挫折，不能發揮自己應有的水準。

業務人員要想取得成功，就必須克服自卑感。要克服這種自卑感，建立自信心，不僅要認識自己的缺點和不足，更要認清自身的優點和長處，肯定自己的工作能力。確立自己的優勢，就能促成良性的心理循環，就能逐步強化「我能行」的意識。即便看清了自己的不足也不會因此而氣餒，而是能以正面的心態對待，能夠因此對缺陷加以改正進步，而不是負面頹廢自我放逐。

想要克服自卑感，還要學會用進步的眼光看待自己。要堅信自己可以透過勤奮學習來彌補專業知識的缺失，要堅信自己能夠透過奮發努力達成既定目標。在通路建構的過程中，挫折與失敗堪稱家常便飯，在客戶面前碰了一鼻子灰，也是常有的事。如果每次都以負面的心態對待，不肯走出失

敗的陰影，自然也就得不到成功的青睞。失敗是成功之母，作為一名優秀的業務人員，心中只有必勝的信念，永遠不會在失敗的陰影中停留。

一位成功的業務人員，其品格優良之處，不僅在於成功後能乘勝追擊，更在於失敗後能吸取經驗教訓，化失敗為成功的墊腳石。衡量一個業務人員是否真正建立起自信心，這一點可以作為衡量的標誌。

● 培養正面心態，就要有堅強意志

通路在建構過程中，失敗是不可避免的。業務人員進步的關鍵就在於面對失敗的態度。有些業務人員，錯誤地將失敗當作是自己的無能，把每一次失敗都看作是對自己能力的否定。抱著這種態度，因害怕失敗而不敢繼續奮進，就等同於放棄了成功的可能。

研究顯示，在業務人員進行通路拓展遊說時，平均要經歷 50 多次不留情面的拒絕，才會有一個人願意聽你的推銷，成為你的準客戶。雖然提升技巧能提高推銷的成功率，但更多的人卻被不斷的挫折和失敗擊垮。沒有堅強的意志，就摸不到成功的大門。

作為業務人員，想要更專業更優秀，就必須有堅強的意志力。要不怕碰壁，要有一股銳氣，熱情洋溢、滿懷信心地

說服你的客戶，再讓他們樂於為你介紹新的客戶。一位優秀的業務人員，有三成業績都是由他的客戶介紹而來的。就像滾雪球，當你掌握的客戶資源越多，你的推銷工作就越順利，通路就越來越暢通。而這一切的前提，就是你要堅持，不放棄。

再者，一位優秀的業務人員，必須有計畫、有目標地進行工作。必須每天嚴格執行你的推銷計畫，按計畫去拜訪幾位新客戶、幾位準客戶，打多少預約電話，半點不拖延，從「非專業」一步步邁向「專業化」推銷。

「精誠所至，金石為開」。面對客戶的拒絕，業務人員只有抱著「不定什麼時候，一定會成功」的堅定信念。即使客戶冷眼相對，表示厭煩，也信心不減，保持信心，堅持不懈地幹下去，堅持不懈地拜訪客戶，這樣失敗就會成為你最好的老師，成為取得成功的動力，最終才能取得成功。

● 培養正面心態，就要對客戶負責

通路的建立是為了使產品流通更加便捷，是用自己的產品為客戶帶來利益，是一種致力於服務客戶，從而和客戶達到雙贏的工作，業務人員必須堅信自己產品能夠為客戶帶來利益，堅信自己的銷售是服務客戶，而不能把銷售當作是求人辦事，一味地看客戶臉色行事，被客戶控制了談話的節

奏。在銷售工作中，你理所當然地必須去關心客戶、尊重客
戶，要對客戶負責，這也是對自己的工作負責。

　　對客戶負責最基本的一點，就是不論什麼時候都要對客
戶誠實，絕對不能欺瞞敷衍你的客戶。客戶提出的要求和不
滿，就是你發現自身不足的最好的機會，你要虛心接受，並
努力改變完善。對客戶負責，就要加強自己的專業知識修
養，這樣才能在客戶有疑問時給出客戶最滿意的答覆。對客
戶負責，就要學會換位思考，能夠站在客戶的角度為客戶著
想。只有想客戶所想、急客戶之所急，才能真正讓客戶覺得
他所付出的每一分錢都有價值，才更願意和你開展合作。

　　相信自己的產品，相信自己的企業，相信自己的推銷能
力，相信自己肯定能取得成功。這種自信能使業務人員發揮
出才能，戰勝各種困難，獲得通路建構成功。

企業如何掌控銷售通路

　　銷售通路是企業最重要的資產，同時也是變數最大的資產。它是企業把產品向消費者轉移過程中所經過的途徑。這個途徑包括企業自己設立的銷售機構、代理商、經銷商、零售店等。

　　對產品來說，它不對產品本身進行增值，而是透過服務，增加產品的附加價值；對企業來說，銷售通路造成物流、資金流、資訊流、商流的作用，完成廠商很難完成的任務。不同的行業、不同的產品、企業不同的規模和發展階段，銷售通路的形態都不相同，絕大多數銷售通路都要經過由經銷商到零售店的這兩個流程。為了滿足零售店的需求，也為了實現自己的利潤最大化，很少有經銷商只代理一家的產品，而是有自己的產品組合。

　　最近幾年來，各種超級終端浮出水面，甚至公開挑戰工業企業，一些家電企業要按照超級終端的訂單來生產，這個是無法阻擋的歷史潮流。雖然超級終端是企業關注的目標，但是在行銷實戰中，國內企業主要面臨的還是經銷商層面的

問題。經銷商不是經銷一家的產品，企業都想讓經銷商把資金、人員、網路等資源投向自己，擴大自己在當地的市場份額，增加自己的產品在當地的推動力。有些企業想盡一些辦法來掌控經銷商，與經銷商結合成策略聯盟，共同發展，甚至有的企業與經銷商結成合資公司。

我們知道經銷商守著一方市場，有充足的社會關係，有健全的銷售網路，有經過市場考驗的銷售團隊。他們的短期利益是要賺錢，長期利益是要發展，目標和廠商不盡相同。那麼企業要靠什麼手段來「掌控」經銷商呢？下面的五種手段或許能給出答案。

● 遠景掌控

就像《第五項修練》（*The Fifth Discipline:The Art and Practice of The Learning Organization*）中所講的，企業遠景是企業領導人所要考慮的頭等大事。一家沒有遠景的企業是沒有靈魂的企業，是只會賺錢的企業，沒有發展前途。雖然某些經銷商素養偏低，缺乏自己長遠的規劃，但是對於廠商來講，一定要有自己的遠景規劃。因為每一個商家都要考慮自己上家的發展情況，市場機會是有限的，如果主要做了甲公司產品的經銷，也就意味著我很可能放棄了經銷乙類產

品。如果幾年以後甲公司出現了經營上的問題，而乙公司非常興旺發達。那麼這個經銷商在選擇上家的時候就付出了巨大的機會成本。

基於經銷商的這個考慮，企業一方面要用市場的業績來證明自己的優秀，另一方面企業要不斷給經銷商描繪自己美好的前景。經銷商認可了你公司的理念、企業的發展策略、認可了公司的主要領導人，即使暫時的政策不合適，暫時的產品出現問題，經銷商也不會計較。具體的做法如下：

1. 企業高層的巡視和拜訪：直接讓企業的高層和經銷商進行溝通與交流，讓他們建立個人連繫。透過高層主管傳達企業的發展理念和展望企業發展遠景，這樣的舉措可以讓經銷商更加深入地了解企業的現狀和未來的發展。

2. 企業辦內部刊物：定期刊登企業老闆發言以及各地市場狀況。最好是創辦經銷商專欄，讓經銷商的意見和建議成為刊物的一部分。定期把刊物分發到經銷商的手中。

3. 經銷商會議：企業定期召開經銷商會議，在會議上對業績好的經銷商表揚和鼓勵。公司的各項政策的發表，事先要召開經銷商的討論會議。這樣使經銷商具有企業一員的參與感，認為自己是企業的一部分，自己的發展和企業的發展密不可分。

● 品牌掌控

　　現代的商業社會是一個產品同質化的社會，往往區別產品的唯一特徵就是品牌。品牌對於很多企業來說是最重要的資產，所以可口可樂公司的老闆敢說：把我所有的廠房都燒掉，只要給我可口可樂的品牌，我一樣會做到今天的規模。有一些品牌像麥當勞、百事可樂，已經脫離產品而存在，變成了一種文化、變成了一種價值觀。

　　站在通路管理的角度上，產品品牌透過對消費者的影響，完成對整個通路的影響。作為經銷商也要樹立自己的品牌，但是經銷商的品牌只能是在通路中造成作用，對消費者造成的作用較少。往往經銷商的品牌是附加在所代理主要產品的品牌上的，如果沒有廠商的支持，經銷商的品牌的價值也會大打折扣。

　　對經銷商來講，一個品牌響亮的產品的作用是什麼呢？是利潤、是銷量、是形象，但是最關鍵的是銷售的效率。一般來講，暢銷的產品的價格是透明的，競爭是激烈的，不是企業利潤的主要來源。但是暢銷產品需要經銷商的市場推廣力度比較小，所以經銷商的銷售成本也比較少，還會帶動其他產品的銷售。這樣可以從其他產品上找回利潤，同時因為銷售速度較快，提高了經銷商資金的周轉速度。

　　企業只要在消費者層面上建立了自己良好的品牌形象，

就可以對通路施加影響。透過這個品牌給經銷商帶來銷售成本的降低，帶來銷售效率的提高而銷售掌控通路。

● 服務掌控

一般來說經銷商的管理能力要比企業弱，經銷商的人員素養比企業差。企業有專業的財務人員、業務人員、管理人員和行銷推廣人員，經銷商可能是親戚或朋友居多。很多經銷商在發展到一定程度後，非常想接受來自管理、行銷、人力資源方面的專業指導，有一些人想借助大學的一些教授或者專業的諮商公司來幫助自己提高管理水準，最後往往發現對方不能滿足自己的真實需求，不能達到自己的期望，所花費用也比較高。

現代行銷中所倡導的顧問式銷售，就可以專門解決這個問題。所謂顧問式銷售，就是企業的銷售代表不僅要把產品銷售給經銷商，還要幫助經銷商銷售、提高銷售效率、降低銷售成本、提高銷售利潤。也就是說銷售代表給經銷商提供的是一個解決方案，這個解決方案能解決經銷商目前的經營問題，也能解決他長遠的經營問題。

企業日常的銷售都在固定的平臺上正常進行，很多企業的銷售已經實現了「銷售自動化」，商務助理就可以完成日常的銷售工作了。銷售代表如果把精力放在自身水準的不斷

提高上，不斷在企業充電，根據經銷商的需求開展不同的培訓課程，對經銷商的業務人員、管理人員培訓，這樣可以使銷售代表的能力提高，可以提高經銷商人員的專業性，同時可以促進經銷商之間的知識交流，提高經銷商的整體水準。

在這樣的解決方案的貫徹中，企業充當了老師的角色，經銷商充當了學生的角色，經銷商按照老師的思路去運作，企業在思想上面「控制」了經銷商，這樣的師生關係是牢不可破的。這樣的通路還會出現「叛變的問題」嗎？對於企業來講，培訓經銷商，幫助經銷商加強管理，這樣的投入和市場推廣的投入相比較，要省很多。

● 終端掌控

消費品行業最多用的一個辦法就是直接掌控終端，直接掌控經銷商的下家。有一些企業是順著做市場，也就是先在當地找到合適的經銷商，在幫助經銷商做業務的過程中逐步掌握經銷商的下家和當地的零售店。也有一些企業是倒著做市場，也就是企業沒有找到合適的經銷商，或者是企業沒有找經銷商，企業認為做市場最重要，要先做市場再做通路設計。企業直接和當地的零售店發生業務關係，透過直接對零售店的促銷活動炒熱整個市場，使產品成為暢銷產品。這個

時候主動權掌握在企業的手上，再透過招商的方式選擇合適的經銷商來管理市場，完成通路的建構。

無論哪一種方法，掌控零售店是最根本的目的，要讓零售店首先認同產品、認同品牌、認同廠商，而不是首先認同經銷商，廠商就有把握在經銷商出現問題的時候，把零售店切換到新的通路而不影響銷量。具體的手段有以下幾種：

▸▸ 建立基本檔案：製作零售店分布的地域圖、建立零售店檔案、建立主要店員檔案、建立競爭對手檔案，建立經銷商檔案，建立廠商基本情況檔案。這些檔案要在例會的時候經常更新，保證基礎資料的準確性和完整性。

▸▸ 建立零售店的會員系統：有一些企業組建了零售店的會員系統，定期舉行活動，增加零售店和廠商的連繫。例如，Motorola 不單有零售店的會員系統，它甚至建立了零售店店員的會員系統，定期舉行會員參與活動，根據店員銷售的手機數量進行積分式獎勵。

▸▸ 促銷活動：企業要把促銷活動落實到終端，甚至舉行零售店店員獎勵和零售店獎勵方式的活動，只有這樣促銷，活動的結果才是有最大效果的，只有這種活動的開展才能強化終端與企業的感情，強化企業品牌的影響力。

▶ 培訓店員：零售店的店員在銷售中發揮的作用是最大的。一個性價比非常好的產品，如果店員不積極推薦，甚至打擊這個產品，它的命運可想而知。對店員的培訓可以增加其對企業的認同，增加對產品的認同。有助於店員全面了解產品的性能和指標，提高銷售技巧。

以上只是掌控終端的幾個辦法，最根本的方法還是要建立一個好的檔案，也就是當地市場狀況的基礎資料庫，在這個資料庫的基礎上，開展針對終端的拜訪和舉行各種直達終端的各項活動。

● 利益掌控

以上的辦法可以說是在服務方面掌控經銷商，考慮的是和經銷商長久合作。但是每一個商家都是要有一定的利益作為保障，尤其是短期的利益。這種短期利益要給經銷商多少呢？我們經常聽到銷售代表這樣和公司要政策：再多給點現金回饋吧，給個好價格吧，如果不給，客戶就不和我們做了。果真是這樣嗎？如果經銷商不和我們做了，他還在經營其他的產品，經銷商的變動費用在短期是減少不了多少的，房租等固定費用還會發生，折舊還會發生。如果損失了合作的利潤，就使得經銷商的整體利潤降低，而費用沒有降低多少，也就是說他很可能虧本，這樣轉換風險太大，經銷商是

不願意冒的。這個時候經銷商也會充分尊重企業的意見。也就是企業掌控住了經銷商。那麼什麼時候經銷商的風險才小呢？如果企業給經銷商帶來的利潤很小，他和企業不合作以後，自己還是有營利的。這樣的合作關係對經銷商來講是無所謂的，企業也就沒有掌控住經銷商。所以經銷商的掌控除去上面的服務方面，還要在利益上掌控，要給經銷商足夠的利益。換句話說，企業給經銷商的利潤要大於經銷商的純利。只有這個時候，才會讓經銷商在和企業「分手」的時候感到疼，才是企業說了算，才是掌控住了經銷商。具體辦法有下面五種：

▶ 增大自己的現金回饋和折扣，使自己給經銷商的單位利潤加大。
▶ 增加自己產品的銷售量。
▶ 降低經銷商其他產品的銷量。
▶ 降低經銷商其他產品的單位利潤。
▶ 增加經銷商的費用。

以上五種方法，前面兩種辦法是一般企業都在採用的，透過不斷地促銷活動，不斷地以通路獎勵來刺激通路的銷量和單位利潤。中間的兩種辦法的本質就是打擊競爭對手的產品，使對手的銷量和利潤降低。第五種辦法是對經銷商百害

而無一利，最好不要使用，因為通路的價值就是能以較低的成本進行分銷，如果經銷商費用過大，它的存在就是不合理，掌控不掌控也沒有了意義。

以上分析只是一個感性的認識和不方便度量的辦法，銷售代表接觸最多的是具體的銷售數量，而不是利潤。下面用量化的方法來表示「給經銷商的利潤大於經銷商的純利」。假設：經銷商的總體銷售量是 y，本廠商的銷售量是 x，其他產品的單位利潤是 t2，本產品的單位利潤是 t1；客戶的純利率是 m。

廠商掌控經銷商的公式是：$x \times t1 > m[x \times t1 + (y - x)]$，變化一下公式就成了：$x/y \geq 1/[(1-n) \times t1/t2 + 1]$。

從上面的公式，我們知道企業的銷售量要占經銷商總銷量的多少比例就可以掌控客戶了。例如，某個手機行業的例子，其他產品的單位毛利是 t2 = 20 元，廠商的單位毛利是 t1 = 20 元，經銷商的純利率 m = 1/3，那麼 x/y = 66%，也就是這個廠商要想掌控這個經銷商，他的銷售量要占這個經銷商銷售量 66%。

以上公式只是一個粗略估算，實際運作不是這麼簡單。每一個理智的商家或廠商，在進行通路變換的時候都要三思。廠商在切換經銷商的時候，早已選擇好候補的客戶。商

家在切換廠商的時候，也早就選好的新的婆家，很少有沒有
徵兆的突然切換。但是無論怎樣，以上公式 x/y 是每一個銷
售代表努力的方向。

　　如果企業樹立了遠大的遠景，並使經銷商認同；如果在
消費者心目中建立了良好的品牌形象；如果企業培養出來了
客戶顧問團隊，並真正服務於企業；如果企業掌控住了終
端，並與終端建立了良好的溝通；如果企業能給經銷商帶來
對方拒絕不了的利益。這家企業的發展的前途就是遠大的。
這樣建立起來的透過掌控經銷商而形成的一流的通路，就能
掌握行業的發展，真正實現通路為王，樹立行業領導者的
風範。

第二章

通路選擇，以滿足消費需求為準則

隨著市場競爭日益激烈，通路在企業發展的作用越來越明顯，如何選擇一條具有持續競爭力的行銷通路，對任何企業、任何產品來說都至關重要。

一流產品需要一流通路

俗話說得好，酒香也怕巷子深，銷售通路的開拓也是這樣。所以，設計銷售通路，就必需根據產品特點來進行，以顧客的需求為出發點。只有真正適合企業的行銷通路，才能有利於產品的銷售，才能更出色地完成銷售任務。

一流產品需要一流通路。如果商品的定位為高階產品，那通路的建構應以高階人群為基準。相反，如果商品的定位為中低端產品，那通路的建構就應以中低端人群為基準。

很多時候，企業之間對於品牌的定位，並非比較品牌強弱和企業規模大小，而是企業之間獲取利潤的能力的競爭。發展良好的企業除了一般性利潤成長的方式外，同時還關注著通路溢價模式行銷，獲得溢價利潤。

某年國際車展在國際展覽中心舉行。各國品牌數十款新車型引人注目。香車美人固然精彩，但全都被展位上一輛賓利車奪去了光彩。這輛賓利車的標價竟然達到了四千萬元！賓利是哪個國家的品牌？它的性能如何？它的價格為什麼會這麼離譜？當年的賓利車還不多，人們對這輛天價汽車的品

牌並不熟悉，知道賓利來歷的人更是寥寥無幾，即使在汽車愛好者雲集的車展上，仍然有許多人不知道賓利的來由。要不是展車標註的「已售出」的字樣，許多人甚至想像不出這樣天價的汽車也會有買主！那麼，賓利到底哪裡好？

1919 年 1 月 18 日，賓利汽車公司成立。賓利的創始人華特‧歐文‧賓特利（Walter Owen Bentley）設計開發並推出了賓利 3.0，使得賓利汽車公司從此走上了專業設計高級跑車之路。其生產的跑車在利曼 24 小時耐力賽中所向披靡，幾乎包攬了每一屆的冠軍。但是，輝煌的戰績並沒有為賓利汽車公司帶來更多的銷量和利潤。作為當時英國市場上最貴的轎車之一，賓利公司的經營方式並不能夠吸引更多的客戶購買其產品。行銷方面的屢屢失誤使得賓利汽車公司面臨著嚴重的財政危機，整家公司籠罩著倒閉的陰影。

直到 1931 年，勞斯萊斯公司的出現，使這種危急的情況出現了轉機。勞斯萊斯公司以 125 萬英鎊收購了賓利，預示著從此賓利汽車正式加盟勞斯萊斯汽車公司。1946 年，賓利汽車生產線隨勞斯萊斯一同遷至英國克魯郡。

從此以後，賓利汽車變成了「跑車版」勞斯萊斯。賓利與勞斯萊斯這兩個品牌的汽車都是純手工打造而成，製造工藝十分精細，巧奪天工，不論是品質還是工藝都堪稱完美，二者均被視為財富和地位的象徵。但二者因所面對的客戶

群體不同，客戶的需求不同，所以賓利與勞斯萊斯的元素和內涵不盡相同、各有特色。賓利身為豪華跑車，自身性能卓越，一直是追求駕駛樂趣的正面進取的活力型企業者所青睞的對象；而更加舒適豪華、尊貴典雅的勞斯萊斯，則是尊貴身分與崇高地位的象徵，一直被皇室、總統、權貴和行業巨擘所垂青。而在勞斯萊斯的領導下，賓利汽車終於有了自己明確而清晰的品牌定位——全球最頂級的跑車型豪華轎車。甚至，賓利的某些車型的價格還要高於「車中貴族」勞斯萊斯。那麼，什麼是賓利昂貴的理由呢？俗話說，物以稀為貴。賓利汽車整車完全由純手工打造，精工細作，卓爾不群。不同於生產線上批次生產的其他汽車，生產一輛賓利車，單是皮革裝潢平均就需要 6 天，其中僅是方向盤的組裝就需要 15 小時；而漆面工序流程的完成則需要 8 天的時間。其他汽車的年產量在幾十萬乃至上百萬輛，而賓利汽車的年產量只有幾千輛。即使有錢也很難買到，賓利打造的就是驚喜的手工和限量發售，而這也是人們對賓利等奢侈品趨之若鶩的原因所在了。

　　與年產量幾百萬的本田汽車相比，賓利成功地塑造了自己的高階品牌車的形象。當全世界各個國家的大街小巷，乃至街邊招手即停的計程車中都有著本田的身影時，無意間也深深損害了本田的品牌形象。雖然銷量非常高，但實際上

已經失去了占有頂級品牌市場的機會,降低了產品的自身魅力。

從上面的例子我們可以看出,對生產商來講,只有最適合自己產品的通路才能保證產品的銷路暢通。那麼,怎樣選擇市場通路呢?

一般情況下,我們在選擇市場通路時,有直銷、分銷和代銷三種方式讓可以產品進入市場:

1. 直銷

什麼是直銷?直銷就是指在固定的營業場所以外的地方,由企業招募的業務人員以面對面的方式,繞過傳統批發商或零售通路,從廠商直接將商品和服務出售給消費者的一種經銷方式。所以,直銷也是一種沒有固定店鋪的零售方式。

企業想要進行直銷,首先要關注的不是競爭對手,而是必須先釐清顧客真正的需求所在,從而細分市場,提高產品品質,達到切入市場的目的。其次,企業必須全方位打造直銷通路,與顧客全面接觸、深入溝通,要學會藉助如網路直銷、電視直銷、電話直銷等方式。再者,還要用科學的方法來管理直銷團隊,達到保證銷售團隊高效運轉的目的。只有做到這幾點,才能為成功直銷打下堅實的基礎。

2. 分銷

和直銷不同，分銷流程是「生產商→經銷商→消費者」的形式，也就是說，生產商首先將產品批發給各級經銷商，再由經銷商出售給顧客。這是一種產品從生產者向最後消費者或產業用戶間接轉移的過程。

總體來說，分銷就是一種網路化銷售。直銷是生產者直接面對消費者進行推銷，而分銷則是生產者面對經銷商，分銷的規模增大則是經銷商數量的增加。分銷常見有兩種模式：批發和零售。批發從來都是企業規模化發展的利器，它指的是企業有計畫地將產品銷售給多個代理商，或者一次性出售大量產品給某個特定消費者。零售則是指藉由各種零售店將產品出售給消費者。

傳統的分銷過程中的中間流程較多，因此需要注重分銷管理的問題。產品從生產到被最後消費者購買的過程，需要藉助外部資源來銷售商品的服務。這個服務過程就叫作分銷管理。在分銷管理中，存在多種分銷業務模式：通路結構、銷售方式、結算方式、儲運方式、培訓系統、廣告、促銷手段等。如果忽視了這些業務模式，只想著怎樣將商品出售給經銷商，而不去想經銷商如何銷售這些商品，其結果就會造成經銷商商品囤積，阻塞銷售通路。經銷商為了不虧損，只有降價處理商品，結果就會擾亂了生產商的價格體系。所

以，要想長久地占領市場，就必須全面考慮消費者、經銷商和廠商三方的共同利益。

3. 代銷

代理銷售就是生產者透過代理商進行商品銷售的活動。具體來說，代理指的是代理商替生產者出售商品而買下生產者的商品再進行二次銷售。在行銷活動中，貨物的所有權屬於生產者，而不屬於代理商。在這一過程中，企業要向代理商按比例發放佣金利潤作為代理報酬。現在很多時候將代理銷售和網路代理銷售混談。網路代銷指的是一些提供貨源的銷售商與經營網店的人達成協定，由銷售商提供商品資料，確定商品價格，並以代售價格提供給網店代銷人銷售。一般情況下，網店代銷人接到訂單後通知銷售商為其發貨，銷售商品從銷售商直接流向消費者，網店代銷人並不直接接觸所售商品。而網店代銷的售後服務也由銷售商負責。

不斷嘗試找到最佳通路

在市場行銷中，能夠影響通路變數的因素有很多。通路設計者想要得知所有通路結構產生的利潤，計算起來是非常困難的。因此，通路設計者就要根據企業的實際情況，與產品特性相結合，選擇最適合本產品的行銷通路。一般從成本方面來說，通路的設計選擇主要有以下幾種方式。

● 利用財務法進行通路選擇

我們在這裡所說的「財務法」並不是指某項法律法規，而是「財務評估法」。

1960 年代，蘭伯特（Lambeit）提出了一種方法，這就是財務評估法。在他看來，影響通路結構選擇的一個最重要的變數就是財務。這種決策對使用不同的通路結構所要求的資本成本進行比較，然後用最後比較出來的資本受益來確定利潤最大的通路。所以，選擇一條合適的通路結構是一種類似資本預算的投資決策。用於分銷的資本，同樣要和將這筆資金用於製造經營相比較。除非公司獲得的收益大於投入的

資本，而且也要大於將這筆資金用在製造方面的收益，否則就應該考慮由中間商來完成分銷。

　　蘭伯特的財務評估法，其優點在於，這種方法能夠有效地展現出財務變數對通路結構選擇所造成的作用。通路結構決策是長期性的，因此顯得價值更大，但這種方法也有其不足之處：通路決策制定的可操作性並不高。就算不考慮所選用的投資方式，不但要計算不同通路結構可產生的利潤，還要計算出精確的成本，也是非常困難的。因此像這種用於選擇通路結構的投資方法，在廣泛投入使用前，還應該等待更合適的預測收益方式的出現。

● 利用交易成本分析法進行通路選擇

　　1970 年代，學者威廉森（Oliver E. Williamson）提出了交易成本分析法。威廉森綜合了傳統的經濟分析行為、科學概念和由組織行為所產生的結果來決定生產者，是否透過中間商來完成行銷任務情況下的取捨。

　　如果結構的成本最低，那麼它就是最合適的行銷結構，這就是威廉森交易成本分析法的基礎。採用這種方法，關鍵就在於找出通路結構對交易成本所產生的影響。這裡的交易成本，主要是指如獲取資訊等行銷活動的成本。為了完成交易，就需要利用到實現行銷任務所必需的一些特定的交易資

產，包括有形資產和無形資產。在威廉森看來，如果所需的特定資產較多，企業就應該選擇一條途徑最短的通路結構。

　　人具有機會主義傾向，這種機會主義傾向在他看來是一種「狡猾的利己主義」，也就是說，一旦獨立的通路掌控了絕大多數的特定交易成本，就會產生一種「利己」心理，從而開出能使自身得到更大利益的條件，極大增加了交易成本。生產商若想避免這種情況發生，最好將特定交易成本嚴格控制在公司內部。而當特定交易成本不高、比較容易轉移的時候，生產商就可以將資產轉移給所開條件相對較低的通路成員。

● 利用經驗法進行通路選擇

　　經驗法也是一種選擇行銷通路的方法。這種方法主要憑藉管理上的判斷和從前的經驗來進行通路選擇。因為經驗法的準確程度並不高，所以具體選擇時，通路設計者必須謹慎考慮。用經驗法選擇通路結構，主要有以下幾種方法：

1. 直接定性判斷法

　　通路選擇方法中最簡單，也是最常用的方法，就是直接定性判斷法。通路設計者在應用時，應根據決策因素的重要程度，來評估通路結構選擇的變數。比如說長短期成本、通路的控制力度、可獲得利潤的多少以及其他因素等。雖然有

的時候，這些決策因素和相關重要性並沒有一個清楚的界定，但對通路設計者和管理者而言，最後所決定的方案，在通常情況下，也是最適合決策因素的內、外在變數。

2. 權重因素記分法

權重因素記分法是一種更加準確的定性選擇通路結構方法，這種方法能夠令通路設計者在選擇通路時，可以進一步實現結構化和量化。權重因素記分法主要有以下基本步驟：

- ‣ 簡單列出行銷通路所選擇的主要決策因素。
- ‣ 用百分數的形式，列出能夠準確反映每個決策因素相關重要性的權重。
- ‣ 依照決策因素的順序，為各個通路選擇進行評分。
- ‣ 將權重與因素分數相乘，得出每個通路選擇的總權重因素分數。
- ‣ 按最後得到的總分高低，將各個行銷通路結構選擇進行排序。

這樣，五個基本步驟進行完畢，最後得出的分數最高的方案，就是最佳通路結構選擇。

3. 分銷成本比較法

分銷成本比較法是一種透過評估不同行銷通路機構的成本與收益，並由此篩選出成本最低、效益最好的通路結構的方法。

　　在企業發展中，所有的管理者都希望能夠選擇出最好的行銷通路結構。但事實上，這是根本不能夠達到的目標。一方面是因為通路設計者沒有辦法全面了解所有可能的通路機構，更不可能付出大量的時間和處理龐大的資訊量來完成這一工作；而另一方面，通路設計者為了選擇出最優行銷通路機構，通常只能就某個既定的標準來計算出每一種通路結構的確切利益，並做出選擇。因此，這種選擇是理想化的，充滿了不確定性。

摸清消費需求是通路選擇的基本準則

　　成功的通路開拓是以顧客為基礎的。作為出色的業務人員，就要敏銳地察覺客戶的真正所需，要了解客戶的購買能力，才能在與客戶打交道時，有針對性地採取最適合的推銷策略，從而成功地進行通路建構。

● 影響客戶購買決策的五大因素

　　客戶在做購買決策時，一般都會受到如下五大因素的影響：

1. 性別

　　性別在相當程度上影響著客戶的購買行為。男性和女性存在著很大的心理差異，在對商品的選擇上自然也會產生不同的偏好。例如，女性心思細膩，相對來說更喜歡精美纖巧的產品；而男性則更青睞於選擇一些簡約大方的東西。正確把握男女獨特的心理差異導致的購買偏好，將會非常利於推銷活動的成功開展。

2. 年齡

年齡同樣是影響客戶購買行為的重要因素之一。嬰幼兒、青少年、中老年……不同年齡層的消費者均有不同的消費需要。比如說，青少年在購買產品時，較為注重產品外觀的美化以及產品功能的新穎程度；而中老年人則更加重視產品的實用性與舒適程度。不同年齡層的消費者，其購買行為特點，同樣需要我們認真進行深入的研究。

3. 教育程度

不同教育程度的客戶，其審美情趣也會有很大的差異；不同專業領域的客戶，其對產品的品味也各有不同。這些差異性決定了不同的客戶對產品設計包裝等有著不同的要求。我們可以透過觀察客戶的衣著和言行，來推測他們的受教育程度，從而採取相應的推銷策略。

4. 經濟收入

經濟水準是影響客戶購買行為的最為重要的因素之一。在商品經濟條件下，任何消費行為都要以購買能力為基礎。收入較低的客戶，對昂貴的高階消費品沒有足夠的購買能力；同樣，高收入客戶群體也很少會對廉價的大眾商品產生過多的興趣。不過，隨著經濟持續成長，民眾的收入不斷提高，人民家庭富裕，其對高階商品的購買力也與日俱增，消費市場生機盎然，通路選擇工作也較從前輕鬆許多。

5. 地域環境

地域環境也在一定程度上影響著客戶的購買行為。就拿飲食來說,有地方的人喜辣,有地方的人喜甜,有的人好米,有的人好麵。受不同的自然條件、文化傳統和生活習慣影響,不同的地域會產生不同的消費需求習慣。因此,業務人員在推銷的同時,首先就要了解當地的地域特色,才能更準確地推斷出當地客戶的喜好,從而投其所好,更好地完成通路選擇工作。

● 對客戶購買心理的研究

優秀的業務人員,必須能夠敏銳地把握客戶的心理特點,運用心理學、社會學和行為學等科學知識,針對其特點進行分析,探究顧客的購買動機、購買習慣和經濟條件等,從而制定並採取最適合的銷售策略。抓住客戶的心理特點,並針對其心理需求進行推銷,再結合一些心理學技巧,靈活地進行推銷,常常會造成事半功倍的作用,提高推銷的成功率。

但是,人的心理並不是簡簡單單的。紛繁複雜的心理需求,時時刻刻都在影響著客戶的購買決策,我們不可能樣樣兼顧。但我們能夠彙整出,影響顧客購買決策的最主要的心理需求大致有以下幾種:

1. 對性價比的追求

儘管當下的經濟水準不斷提高，但人們畢竟收入有限，而需要投資的地方卻有很多。人們在購物時，往往會追求物美價廉的商品，希望在付出最少的情況下，獲得最大的效益。這也是經濟學裡「效用最大化」規律的具體展現。

2. 對美的追求

俗話說「愛美之心人皆有之」，自古以來人類就存在著對美的追求。隨著社會生產力的日益發展壯大，消費者在滿足了溫飽之餘，對商品美感的心理需求也越來越強烈。同樣功能和品質的產品，消費者更青睞於包裝精美、設計別緻的一方。

3. 對便利性的追求

當今社會是一個快節奏的時代，消費者希望購買的是讓生活更加輕鬆便捷的產品。所以，商品使用的便利性是客戶在做出購買決策時考慮的一個重要因素。越是容易使用、攜帶方便、維修簡單的產品，消費者就越是喜愛。正是針對這一消費心理需求，產生了如筆記型電腦、數位相機、泡麵等暢銷產品。在進行推銷工作時，業務人員應充分展現產品的便捷性，這是取得消費者購買傾向的明智做法。

4. 對優越感的追求

在購買某些經常示人的商品時，很多客戶都會藉此來展現自身優越的經濟水準和購買能力，希望透過產品展現出高人一等的感覺。對大品牌和奢侈品的追求，也是追求優越感的一種展現。

5. 對喜好品的追求

一些顧客往往會受性格、社會環境和閱歷等內外因素的影響，產生一些特殊的喜好。例如，有的人喜歡現代風格的產品，有的人則偏愛傳統手工製品；有的人樂於收集金銀瓷器，有的人熱衷收藏玉器繪畫。這種偏好會在相當程度上影響著客戶的購買決策。若能準確把握客戶的喜好，就能在推銷時有的放矢，有助於提高推銷的效率。

● 客戶需求的一般特徵

優秀的業務人員，不僅要掌握客戶自身的微觀情況，還要注重對宏觀客戶市場的研究探索。我們彙整出以下三點主要的客戶需求特性：

1. 客戶需求的時代特徵

大眾的消費觀念是隨著時代的變遷和生活習慣的改變，而不斷更新進步的。比如說，隨著經濟的發展和科學的進

步，人們越來越注重商品對健康的影響，對人體有利的產品，往往總會被大眾快速接納，而不利於健康生活的產品，則會遭到大眾的摒棄，很難構成一定的銷售規模。在此情景下，如何把握住客戶需求的時代特徵，就變成了成功推銷的關鍵所在。

2. 客戶需求的週期規律特徵

客戶的很多市場需求在獲得滿足後，會隨著時間的推移逐漸重現起來。雖然不同的時期有不同的流行趨勢，但終究還是在幾種最基本的傳統樣式之間變換。把握好這種商品流行的週期規律，業務人員往往就能夠因勢利導，甚至引領新的時尚。

3. 客戶需求的從眾特徵

消費者在進行購買決策時，很容易受到大眾選擇的影響。「買的人多，產品自然就好」，「權威認證，產品自然品質過關」，這是很多人的購買心理，尤其是現今社會多種媒體高度發展，資訊傳播速度加快，人們更易借其對時尚潮流加以影響。例如，某部流行的電視劇中主角使用的某款產品，往往會引起諸多「粉絲」爭相追逐模仿；某類權威雜誌報刊中闡述了一些食物對人體的害處，讀者們就引以為戒，減少對此類產品的購買。人們的消費需求是能夠被引導的，業務人員如果能夠充分加以利用，就能創造商品銷售的優

勢，從而開啟銷售通路，使得產品銷量穩步提高。

　　總體來說，只有考慮大局，從總體上把握客戶購買市場
的需求特性，才能更好地進行通路建構工作。

深入市場調查是明智選擇通路的基礎

通路建構的效果直接受到市場環境優劣的影響。由此可知，進行推銷工作的一個重要條件就是市場環境。市場環境問題直接影響著業務人員的生存，因此，推銷研究的核心內容之一，就是對市場環境的研究。

● 市場情況

只有真正了解市場的內涵，才能達到了解市場的目的。

市場就是一種和商品經濟緊密連繫著的經濟範疇。為了達到交換的目的而生產出來的商品，其交換過程必須透過市場來進行。也就是說，哪裡有社會分工和商品生產，哪裡就有市場。隨著人類社會分工和商品生產的不斷發展，市場因此逐漸發展起來。隨著商品經濟發展而不斷發展，市場的內涵也在逐漸發展變化，在不同時期、不同場合產生了種種不同的含義。也正因為這樣，不同時代的經濟學家對市場的定義也就不盡相同：

1. 市場定義之一：市場是指商品買賣的場所

　　這種對市場的定義，較為側重市場的地理、空間特徵，是一種較為狹義的定義。具體來說，這裡的市場，指的是商品出售者和消費者進行交易的場所。一般來講，這種交易需要以貨幣作為交易媒介來進行，交易雙方要本著自願原則開展交易。隨著商品生產的發展，社會分工逐漸明確，商品的交換也變得更加普及和頻繁，因此，市場也成為了社會經濟生活中不能缺少的重要因素。

2. 市場定義之二：市場是指商品買賣的行為

　　這種說法較上一定義更加廣泛。在買賣商品的行為中，既包括商品出售等具體的交換行為，同時也包括如市場調節、市場競爭等抽象行為。總體來說，這是一種基於商品買賣行為上的定性描述。

3. 市場定義之三：市場是指商品交換關係的總和

　　這是一種更為全面準確的實質性概念，是綜合了前兩種片面的定義。由此可以得知，市場的含義，不僅指具體的交易場所或是交易行為，而是指由交易產生的多種交換關係的總和。這種關係中，既包括數量的關係，也包括品質的關係。在這種關係中，既包括商品供應量和商品需求量之間的比例關係，也包括商品的交換關係。表面上看，這種關係似

　　乎是商品與貨幣的交換，但實際上，這種關係展現了交易雙方的經濟利益關係。市場的實質內容正是由這種數量比例和經濟連繫關係構成的。

　　作為商品供應者，我們所說的市場僅指商品購買者。我們作為商品供應方，要站在買方的角度來思考如何滿足買方的需求，才能夠正確快速地拓展通路。也就是說，對生產者而言，市場的概念可以表述為如下內容：市場是產品的現有消費者和潛在消費者的需求總和，而其他同類產品的供應者，就不是市場，而是競爭對手的身分了。

● 市場的種類

　　從不同角度，可以將市場劃分為許多種類。而在銷售界，我們主要採用以下兩種分類方法：

1. 按市場主體的不同分類

- ▶ 按消費者的消費目的和身分，可分為消費者市場、生產商市場、中間商市場和政府市場。
- ▶ 按企業角色分類，可分為購買市場和銷售市場。
- ▶ 按市場競爭情況，可分為完全競爭市場、完全壟斷市場、不完全競爭市場和寡頭壟斷市場。

2. 按交易對象的不同分類

▸ 按交易對象的最終用途,可以分為生產資料市場和生活資料市場。

▸ 按交易對象是否具有物質實體,可分為有形市場和無形市場。

▸ 按交易對象的具體內容,可分為商品市場、技術市場、勞動力市場、金融市場和資訊市場。

▸ 按人文標準和空間標準分類,可分為婦女市場、兒童市場、老年市場、國內市場和國際市場。

▸ 按市場的時間標準,可分為現貨市場和期貨市場。

● 影響推銷的三大市場因素

　　市場情況並非一成不變,而是時刻不斷變化著的。這是因為購買者的消費環境和消費需求在不斷變化。作為一名業務人員,必須能夠駕馭市場。只有靈活準確地把握市場變化,隨時隨地捕捉商機,才能最終獲得成功。分析近幾年的市場變化情況,我們發現主要趨勢有以下幾點:

1. 人口數量的激增

　　人類作為生產者,同時也是消費者。人口數量的成長,商品需求量相應增加,也就意味著市場需求量的擴大。最新

人口數據研究顯示，當今世界的人口成長趨勢，主要有以下兩種。

▶ 發展中國家人口自然成長率較低，但人口基數龐大，總人口數持續增加，市場潛力巨大。

▶ 大城市人口成長率較高，農村剩餘勞動力進入城市，為這些地區帶來龐大的市場。

此外，在不同的社會時期，有著不同的經濟條件和人口結構，從而產生了商品需求結構的不同。比如說，儘管近年人口出生率逐年降低，但隨著經濟水準不斷提高，兒童需求市場卻在不斷增加。因此，業務人員必須針對不同的消費人群，分析消費需求的不同，有策略地進行推銷，才更容易取得成功。

2. 女性地位的提高

女性在人口數量約占總人口數的 50%。但是，女性市場的市場量並不在於其人口數量的多寡，而是在於其對購物的影響力。據專家對女性經濟作用的研究資料顯示，女性對總體收入的配置量高達 80%。這種影響力產生的原因，主要是因為女性在家庭中的地位逐漸上升，對家庭經濟的掌控也日益強化；再者隨著女性社會地位的上升，願意工作的女性也在逐漸增多。隨著經濟地位的提高，女性的消費觀念也再

不像過去那樣精打細算,而是越來越會享受生活,對上等服裝、護膚產品乃至家庭生活用品的需求日益增加。能賺錢,會花錢,這是新時代女性的明顯特徵。因此,就要求業務人員要跟得上時代的步伐,耐心研究女性消費心理,探索怎樣更加有效地對女性消費者推銷,仔細分析女性消費者和男性消費者之間不同的消費習慣。

3. 青年市場的旺盛

隨著科技的發展日新月異,人們的生活水準不斷提高,青年人的消費觀念也隨著時代的變化而更新。他們嚮往新的生活,更願意接受新事物,喜歡嘗試更具有時代感和科技感的產品,同時也有一定的經濟能力來滿足自己對新鮮事物的追求。因此,有青年人構成的消費族群,具有極強的購買能力。業務人員如果正確理解青年人的這種消費心理,在銷售新產品時營造出獨特的產品主題,往往事半功倍。

選擇通路就是選擇財源

市場行銷裡有一條重要原則，就是在進入市場前，首先必須進行市場細分，選擇目標市場。只有確定了目標市場，才能清楚了解目標的市場需求，進而明白怎樣設計產品銷售。

準確選擇終端銷售點，對增加商品銷售量具有十分重要的意義。只有在消費者產生強烈的購買欲望時，方便、快捷並及時滿足其購買需求，才能更好地進行銷售。

一般情況下，選擇終端銷售點要充分考慮消費者的購物心理。總體來說，消費者需求有個性化、多樣化的特點。因此，終端銷售點的選擇主要取決於以下四點：

▸ 消費者對商品購買便捷的需求。

▸ 消費者對商品購買場所的需求。

▸ 銷售點被大眾熟知的地點需求。

▸ 利於產品形象樹立的地點需求。

也就是說，在終端銷售點的選擇中，要根據目標市場的特徵、競爭情況、企業經濟實力、產品特徵、市場環境、市

場需求等特點，經過綜合分析權衡，之後選擇出最適宜面向消費者的分銷點。

● 根據消費者收入和購買力選擇

市場的主要構成要素之一就是消費者的購買能力。購買力水準越高，對商品的等級和數量需求也就越大，消費者所願意為產品付出的價格也就越高；購買力水準較低，對商品的等級和需求量也較為有限。並且，消費者的購買力水準，在相當程度上取決於消費者的個人收入。因此，我們可以這麼認為：消費者收入水準的高低是幫助企業辨識消費族群、選擇終端銷售點的一項主要依據。

收入水準不同，消費者對商品購買場所的要求也是不同的。企業首先需要考慮的，就是對消費族群的定位。因此，企業必須考慮到消費者群體的個人可支配收入，再選擇終端銷售點。在不考慮地區競爭的情況下，地區的收入水準越高，則企業在該地區設立銷售點的成功率就越大。通常，收入水準較高的消費者群體，更願意選擇規模較大、裝潢精美的終端銷售點，不會過多關注商品的價格；而收入水準較低的消費者群體，則更願意選擇大眾化的終端銷售點，希望購買到物美價廉的商品。

同時，企業還應該注意自身產品的特點。如果企業經營

的是一般大眾消費品，可以考慮在不同收入層次的地區廣泛設點；如果企業經營的是上等非生活必需品，則要考慮將銷售點設立在收入水準較高的地區。

● 根據目標顧客出現的位置來選擇

想要使消費者在產生購買欲望時方便快捷地購買產品，就意味著商品必須跟蹤消費者，就必須認真研究消費者群體的分布密度。

通常情況下，消費者產生批次的購買行為的地點有學校、車站、公園、商店街、住宅區、工作場所周邊和交通要道等。

● 根據顧客購買心理來選擇

消費者的生活環境、經濟水準和消費觀念不同，其購買興趣、關注焦點和購物期望等心理特徵也不盡相同。顧客的購買行為由其消費心理產生並受其影響，因此，如果不考慮顧客在特定時間地點的消費心理，盲目選擇終端銷售點，就不會產生理想的銷售效果。比如說，在學校附近開設農用產品商店，就會因為不符合學生的消費需求，很難達到既定的銷售目標。

● 根據競爭需要來選擇

　　企業在進行終端銷售點的選擇時，要從生存的角度來看待問題，要用發展的眼光來考慮問題。所以，企業必須考慮到自身產品的同業競爭情況。因此，企業在選擇銷售點時要考慮以下幾點因素：競爭對手的數量、競爭對手的策略、競爭對手的優勢、企業的策略目標和產品的生命週期等。

● 根據銷售方式來選擇

　　銷售方式主要指的是企業在進行產品銷售時所採取的某種形式，包括店鋪銷售和無店鋪銷售兩種情況。在現代社會多元化市場的趨勢下，企業不但可以採取某一類型的銷售方式，也可以多種銷售方式相結合，更好地達到銷售目的。

　　在商品的目標消費族群較為分散時，企業自身無法對市場進行精確管理，這時需要專業的分銷商，進行對目標市場的分解工作，並透過專業的銷售機構進行分銷管理和開拓。由此產生了聯合分銷商的問題。

　　分銷商和通路一樣，也有不同的模式，其市場定位和影響力等條件各有千秋。企業需要制定利益目標和銷售政策就要解決這樣一個棘手的問題：如何找到和自己配合默契，同時還能貫徹自身產品策略的分銷商。

聯合分銷商是要相互之間建立長期的合作關係，是要將分銷商當作策略合作夥伴，納入到自己的通路銷售同盟中，要使分銷商承擔一定的通路分工，長期作為企業銷售通路結構的重要組成部分，這是聯合分銷商的一個關鍵之處。這種長期的分銷通路結構，不但能夠影響銷售成本和產品的流通，同時還能夠影響到企業在消費者心中的形象。

缺乏好的行銷通路，無論多麼物美價廉的產品，都很難獲得理想的利潤回報，甚至無法打通市場。在這裡，直接面對消費市場的是經銷商。因此，只有最適合的經銷商，才能開啟消費市場的通路。

很多企業在選擇分銷商時，都盲從於大品牌分銷商，希望藉由對方的銷售網路等，使自身產品快速進入市場。然而，事實看來，企業做出諸多犧牲以適應大型分銷商的要求，換來的卻常常是對自身產品的輕視。大分銷商的工作重心往往都在高利潤高潛力產品上，除非企業自身產品優勢鮮明，否則難以獲得有力支持，而企業自身的產品策略也會因為分銷商的不配合而無法開展。如果在這時對產品降價，分銷商不但不會被吸引，還易造成分銷商傾銷產品的惡果。如果產品銷售情況並不好，又很快會被分銷商淘汰。

由此可見，通路選擇應遵循以下幾點原則：

▸▸ 暢通高效的原則。

▸▸ 覆蓋適度的原則。

▸▸ 穩定可控的原則。

▸▸ 協調平衡的原則。

▸▸ 發揮優勢的原則。

　　企業和分銷商，只有雙方都能夠充分意識到所具有共同利益，所有通路成員共同合作，使分銷通路運轉，才能達到雙贏的結果。由此也可以得知，企業除自身因素外，也要考慮到分銷商的合作意願、合作態度以及同通路其他成員的關係等內容。上述幾項原則，在整體上反映出了企業對分銷通路的需求和目的。以這些原則為標準選擇分銷商，就能夠保證選擇出符合自身需求的分銷通路，並保證通路有效執行。

第三章

通路開拓，讓你的產品流通無阻

通路開拓是一個全面的過程，並不是讓產品進入到通路就算功德圓滿了，而更高境界是與零售商建立雙贏關係，協助他們更快、更多地經銷你的產品。

搶占市場從開拓通路開始

在個體市場行銷學中，對市場開拓策略的定義，就是指生產者開發市場、提高產品在市場的占有率的方法手段。其具體步驟與流程如下：

▸ 生產者如何選擇目標市場和目標市場服務方向。

▸ 生產者對商品投放市場的時間、地點、方式的選擇。

▸ 產品在市場上保持什麼優勢。

▸ 企業是否採用促銷手段，採用何種促銷手段。

▸ 產品的品質應控制在何種程度。

▸ 企業的售後服務展開情況。

● 企業助力通路，攻堅市場

某市一家實業有限公司從事電腦銷售與服務的專業公司。作為惠普的通路商，這家公司的產品線幾乎涵蓋了惠普包括電腦、列印機、網路伺服器等所有產品，並且，其銷售業績始終名列前茅。特別說明，這間公司的業績，70% 都

由中小型市場貢獻。在這裡面，主要以製造業為主的小型客戶，幾乎覆蓋了當地大多數城市的中小企業。從事 SMB 市場的開發多年，對 SMB 市場的行業規則和其需求的特點，有了更加深刻的認識。其與惠普並非單一合作，而是從零售到分銷，從中小企業到行業市場，在許多方面都有連繫。因為積極推廣惠普產品，也為自己贏取了豐厚的利潤：惠普產品的營業額幾乎達到了該公司總銷售額的一半。

分析這個案例，我們可以看出，經銷商與生產商緊密聯合，就能夠憑藉生產商的強大資源優勢充分發展自身。生產商對地區和客戶的覆蓋力是有限的，必然會將部分目標客戶分給分銷商。這對於分銷商而言，是開拓市場極大的機會。惠普以自身的品牌優勢和成熟體系，極大地推動了該公司的發展：惠普以自身的網路技術支援，有力保障了產品銷售；惠普以其 HP Partner 和其他網站，保證了配置軟體和諮詢的提供，建構了穩定有效的交流平臺和銷售平臺，使公司的銷售工作得到了極大的簡化。

除此之外，幫助十分巨大的，還有惠普推行的全程助力計畫。惠普對中小企業非常重視，注重考慮對中小企業的銷售措施，甚至進行內部人力資源重新分配。在售前支援、售後服務與流程控制上，惠普同樣付出了很大的精力。

從前中小企業訂單往往得不到重視，而現在，這間公司

不但可以得到惠普的技術等支援，還可以時刻接受惠普原廠的幫助。也正因為這樣，開發中小企業市場的積極性得到了極大的提高，將小額訂單一步步做成了大市場。

● 以小帶大，突擊新市場

俗話說「萬事起頭難」，新市場的開拓不可能一帆風順，相對於已有的成熟市場，新市場的開拓可謂有相當大的難度。開發新市場，相當於要在沒有方向的情況下開闢出一條新道路，還要準確到達最終的目的地。這要求經銷管理人員不但要具有判斷市場的敏銳眼光，還要有出色的管理能力和靈活的應變能力。除此之外，還必須清楚地了解廣告投放流程，擅長與各級經銷商談判。這樣專業性極強的堪稱完美的經銷人才，即使在大企業，也是可遇而不可求的。

在實際操作中，通路開拓者可以抽調多方面人才，組成「斥候組」，在新市場內小規模試運作，同時負責收集整理市場內的消費需求、現有通路網路和競爭對手等資訊，在一定程度上了解市場。當一切資訊收集整理妥當，有了一定把握開發該市場後，再由「斥候組」帶領，廣泛地推進市場。

● 突出產品優勢，敲開市場大門

想開啟市場的大門，就要集中火力，突破前方阻力。例

如，企業要選擇在市場中優勢較為突出的產品，如品質優異、價格低廉或是消費需求較大的商品作為打入市場的推廣對象，迅速敲開市場大門。一旦成功打入市場，往往能夠鞏固通路銷售的信心，同時帶動同一通路其他產品的銷售情況。

當這些優勢明顯的新產品被消費者所接收後，也就為產品的品牌形象樹立打下了堅實的基礎。一旦日後同品牌其他產品進入此市場，也就更容易被消費者所接納，降低了開拓新市場的難度。之後，難以進入新市場的一些高階產品和非生活必需品，也就能在品牌效應的帶動下，隨之進入市場。

我們要注意，並不是說開拓通路靠單一產品攻堅就能夠達到目的。雖然單一產品更容易打進市場，但產品的豐富性在市場中也是必不可少的要素。企業在選擇產品時，應充分考慮到市場特點、市場需求類型和市場內的同類商品情況，以及應對同類產品競爭的措施，才能打好市場搶奪戰。

● 避開風險，只許成功不許失敗

人有失手，馬有失蹄，商場上不可能次次成功，風險和失敗是不可避免的。但開拓新市場，企業必須有成功的信心和決心。為了開拓新市場，企業投入了大量的時間和金錢，耗費了大量的精力。一旦市場運作未能達到如期效果，那麼

意味著這塊區域市場進退兩難，最終成為棄之可惜、食之無味的「雞肋」，並且在進行新一輪的市場啟動時，還要承擔此前失敗導致的惡果，需要花費更多時間與金錢來平復市場，甚至嚴重時還會出現不得不退市的情況。

為了避免發生這些嚴重的後果，在打入市場、發起總攻之前，千萬要準備充分，對市場資訊再三確認，寧可在啟動前期花費更多的時間和精力進行大量調查，完善準備工作，也絕不能倉促上陣，此外，企業還應該拿出一部分費用作為應急經費，以應對突發性市場變化，努力降低失敗的風險。

企業的發展策略和通路開拓之間是無法分割的。只有有機地將二者結合，才能組建成一條富有競爭力的行銷通路。企業發展策略作為行銷通路策略的基礎，決定著行銷通路的走向。這意味著，在制定行銷通路策略時，必須以企業發展策略為出發點，充分分析企業目前發展狀況，考慮清楚企業目前的策略形勢。

培養優秀的開拓團隊以占領通路

在整個銷售過程中，銷售團隊的作用是用來做最後的收尾，這是通路系統中一個重要的組成部分。作為企業行銷鏈中的最後一環，銷售團隊要將企業在此之前的投入與付出轉化為最終的效益。所以說，銷售團隊的好壞和產品的銷售業績成正比。下面，我們就來研究一下，如何迅速地建立起優秀的銷售團隊。

● 優秀的團隊帶來優秀的業績

某生產商是享譽國內的老品牌之一，但近年來業績不見升高，反而呈現下滑的趨勢。並且，公司的競爭對手趁企業危難，搶占銷售終端，趁機擴張市場。隨著企業逐漸衰弱，企業中的大量優秀人才流失，許多經銷商頻頻竄貨，客戶對品牌失去信心，品牌形象毀於一旦。

在企業管理層對企業內外部進行層層調查之後，判斷出現這種情況的原因，主要源於市場行銷團隊的混亂。所以，企業管理層盡快建立起先進有效、戰鬥力強的業務團隊作為

企業目前應解決的首要問題。對此，企業制定了一系列行銷團隊建構計畫，全面並深刻地將公司內的行銷人員、各級經銷商以及零售商全部囊括在建構計畫之中。

　　針對已發現的企業行銷團隊問題，企業管理層實行「三步走」，規劃整頓行銷團隊：

1. 策略為本，向統一的目標理念邁步

　　大部分銷售團隊在實際工作中，往往會只注重對銷售業績的追求，忽視了作為行銷根本的企業整體發展策略。因此，產生了團隊中的業務人員各自為政的現象，沒有統一的銷售策略。沒有統一的目標理念，團隊就不能確定發揮作用的方向。就好比說，在同一個團隊裡，甲做長線銷售，而乙卻熱衷短期衝量；丙打折買贈極力促銷，丁卻一心塑造產品高階形象。這樣下去，即便大家都非常努力，也不會使產品銷售情況得到改善。只有全體行銷團隊成員將公司總體策略作為發展第一目標，齊心協力，團隊才會有較強的執行能力，市場情況才能得到良好的改善。

2. 獎懲分明，向有效的管理機制邁步

　　建構合格的行銷團隊，不但要有統一的目標理念，還需要有相應的獎懲措施。應用得當的獎懲措施，能夠有效地引導員工以正面的態度工作，並隨時在工作中發現錯誤並改正錯誤，從而得到昇華。所以說，企業必須釐清並嚴格執行獎

懲制度。明確而合理的制度，不但要能夠鼓勵業務人員提高銷售業績，而且還要對業務人員的不作為、不正當獲利等行為實施嚴格的懲罰措施。一份好的企業規章制度，可以使員工釐清企業要求，並能夠引導員工按照企業的計畫策略開展工作。

要注意的是，公司不僅要確立針對員工的獎懲制度，還要釐清針對各級業務成員的制度。要知道，在各級分銷商之間也並不是一團和氣，多數時間維持著各自為政的局面。在這之中，最為常見的就是分銷商竄貨現象。很多時候，如果企業在管理上存在漏洞，一些分銷商就會鑽企業的空子，將分配給自身區域市場的產品傾銷到其他需求量較大的市場中去。這種滿足分銷商私利的行為，不僅打擊了被傾銷地區產品的銷路，降低了當地分銷商的利潤，影響其行銷信心和積極性，還會造成當地市場飽和，當地經銷商輕視產品市場的開發，甚至因此退出市場，嚴重影響了企業的總體銷售情況和長期發展。一旦竄貨現象出現而企業不能及時處理，那麼其餘的銷售商也會趁機效法，使整個銷售通路陷入混亂而無法自拔。

3. 結構清晰，向菁英化管理邁步

隨著時代的變遷，優秀的通路建構早已不是個人英雄主義的時代。

　　先進的銷售理念和管理方式，清晰的組織結構、明確的工作流程，是保證銷售團隊高速執行的必要條件。只有權責清晰的團隊，才能在通路占領中發揮出「1+1>2」的效果。完成銷售任務，需要由各級代理商和分銷商、零售商及導購人員等眾多銷售團隊成員的共同努力。企業在設計銷售組織結構時，一定要充分考慮到各級人員所擔任的不同職責，釐清各自的業務範圍和權利等等。

　　這就表明，企業在選擇業務人員或分銷商時，一定要注意選擇適合企業需求的人員。企業並沒有多餘的精力從頭培養通路商，只有擁有一定銷售經驗和管理能力的管理人員，再配合擁有完善的銷售網路的分銷商，才能完成既定的銷售目標。這些行業菁英，經過企業的調整和組合，最終成為一支滿足企業要求的優秀銷售團隊。企業還應在銷售經營過程中及時淘汰不作為的通路成員，迅速形成自身的精煉有效的行銷通路。

● 建構一支元氣十足的業務團隊

　　一支良好的業務團隊必須具有極強的包容性。大部分業務人員在進入團隊之前都有著不同的職業背景和社會背景，成員之間的價值觀和為人處世方法也有較大的差異。一位優秀的通路經理往往能夠將這樣一支團隊協調好，帶領成員齊

心協力地完成銷售目標。抹殺團隊成員的個性，使之全然按照自己的意願來進行銷售活動，這是業務經理的一大忌諱。業務團隊若失去了其多樣性，就會失去優勢互補的機會，工作也難以有什麼創新，自然不會真正成為一支優秀的團隊。

在通路占領的過程中存在了很多的不確定性。成功是美好的，失敗卻是不可避免的。優秀的領導者要能夠隨時保持正面樂觀的態度，能夠燃起團隊的工作熱情，使團隊擁有充足的工作動力。一旦團隊的領導者消極工作、自怨自艾，那麼這種負面情緒就會迅速感染整個行銷團隊，導致所有團隊成員都失去了工作的激情，甚至消極怠工。一位優秀的領導者，其正面的心態和熱情的態度，往往能為團隊銷售工作帶來意想不到良好的效果，甚至能夠提高整個團隊的工作能力。因此，作為銷售團隊的直接領導者，為團隊帶來的必須永遠都是熱情的、正面的、樂觀向上的態度。

● 優秀團隊的建構標準

歸根究柢，企業建構一支優秀開拓團隊的目的，就是提升銷售業績。我們彙整出兩處可挖掘的利潤成長點：其一是外部環境。也就是說，我們首先要在市場和銷售通路內尋找新的銷售機會，即開拓市場通路的寬度；其二是內部人員。如果現有的業務團隊工作水準能夠得到進一步提升，進而

發掘市場通路的深度。其實，無論是開拓市場的寬度，還是發掘市場的深度，這些工作最終都要靠業務團隊來完成。因此，想要挖掘利潤成長點，最根本的方面還是要提高業務人員的工作能力。

完善的銷售系統是一支區域業務團隊形成和發展的基礎。雖然在系統建構時期可能較為繁瑣，但一旦釐清了每個系統的職責，在整個系統正式運作之後，工作就會變得條理清晰，步驟輕鬆。

企業的領導者不可能面面俱到地檢查工作完成情況，所以在整個銷售系統中，彙報系統的重要性不言而喻。銷售的本質在於商品的流通和交易，所以，進貨體系、倉儲體系和分銷體系也不可或缺。「兵馬未動，糧草先行」，完善的後勤系統是支撐銷售系統持續發展的堅實後盾。

職業培訓是提高業務團隊能力的綠色通道。選擇適合團隊成員的技能培訓，也可以作為對團隊成員的獎勵措施而出現。除基本的培訓之外，還可以透過豐富經驗的老員工幫帶新員工，學習適用於區域市場的行銷技能。只有不斷學習、成長、創新的團隊，才能成為最優秀的市場開拓團隊。

怎樣的程度才算一支優秀的開拓團隊呢？綜合以上內容，我們認為，應從團隊自身素養、銷售業績情況及其市場掌控水準三個方面來評價：

▸ 團隊自身素養。一支優秀的團隊，必須具備凝聚力、合作力和執行力，還要有一定的創新能力。

▸ 銷售業績情況。團隊建構的目的就是銷售業績，所以良好的銷售業績自然就成為了優秀團隊的考核標準。

▸ 市場掌控水準。優秀的團隊，要能夠用發展的眼光看待市場，要以企業的長遠利益為中心，不能只顧眼前的利益而盲目開發市場；作為開拓團隊，最主要的是不能拘泥於現有市場，還要不斷開拓新市場新通路，實現銷售的持續發展。

成功的通路開拓需要整合優質資源

　　行銷通路設計是指為實現某種分銷目標，對已有通路進行篩選，從而開發新的行銷通路，或是改進現有行銷通路的過程。其中，在企業經營階段最常用的改變現有通路的方法，又被稱為行銷通路再造，是業務部門的固定工作之一。

　　隨著時代的發展，資訊的傳播速度與日俱增。企業生產的產品不再是一家獨大，其產品性能、價格都有被競爭者模仿的可能。在商品自身優勢逐漸弱化的今天，只有透過行銷通路的整合設計，企業才更容易生存下去。我們可以這樣認為，決定企業市場行銷的成敗關鍵就在於通路。所以，企業與各級分銷商更應該團結合作，建立銷售同盟體，進行優勢互補，提高自己所在通路在市場中的競爭優勢。

　　通路設計是企業通路策略中的重要組成部分。優勢明顯的通路設計，能夠加快企業進入市場的腳步，牢固企業占領市場的基礎。但在實際應用中，企業往往會被錯綜複雜的市場情況弄得手忙腳亂，不知道行銷通路設計要從哪方面著手。

● 行銷通路設計的八個要素

企業在進行通路設計時，應把握以下幾個要素：

1. 通路設計要貼近消費者

只有貼近消費者，才能使消費者迅速了解並接納企業產品，並且方便企業收集消費者對此產品的回饋意見。

2. 產品要全面覆蓋市場

只有將分銷網路全面觸及市場的每一個角落，消費者才有機會認識並了解產品，才能進而產生購買欲望，產品才能得到銷售機會。

3. 行銷通路要進行細緻管理

通路形成一定的規模之後，就容易出現管理漏洞，嚴重時會致使通路失控。企業必須建立系統規範的規章制度，透過劃分通路和市場來管理通路中的不同流程，力求全面掌握通路中的各個網點、區域和途徑，有針對性地實行個性化管理。

4. 通路的建構應本著雙贏的原則

企業和經銷商，雙方有著共同的利益。企業要根據對市場的影響力和服務品質來選擇經銷商，同時經銷商希望能夠在企業產品的幫助下贏取豐厚的利潤。

5. 通路的建構離不開溝通與交流

由於看待問題的角度不同，企業和經銷商在對待問題的措施上也會產生分歧。如果雙方只顧相互指責埋怨，則對解決問題和提高銷售業績發揮不到任何正面作用。一旦發現問題，雙方就應該積極溝通交流，共同尋找解決方法。

6. 建構通路要注意成本預算

如何獲取更豐厚的利潤，這是建立通路的最根本目的。因而不論新建行銷網路，還是投資現有的成熟通路；無論是分級代理，還是使通路扁平化，通路成本都是企業遵循的最基本的指標。

7. 通路建構要為我所用

誰都不希望自己辛苦設計、建構的通路為他人做嫁，但事實往往並不如人所願。不少分銷商藉著企業的品牌名氣，卻出售所謂的「自產產品」，這就是企業被銷售商反制的典型案例。通路的控制力，在相當程度上意味著企業和經銷商實力的爭鬥。一旦企業被經銷商所制約，銷售計畫將無法按照自己的行銷策略開展。

8. 通路設計要根據市場隨機應變

市場情況是瞬息萬變的。一條優秀的銷售通路，如果一成不變，遲早落後於別人。因此，銷售管理層在日常工作終究要隨時注意通路的設計改造，不斷根據最新的市場動向來

調整通路結構、策略和執行方式，才能在多變的市場中取得一個又一個成功。

● 通路設計存在的八大偏誤

利潤是企業生存發展的必需品，而通路的存在對企業而言，正如茂密的枝葉，為企業這棵大樹無時無刻地吸取著陽光，輸送著營養。保持通路的暢通就是保證企業成功的根本。然而，作為行銷中的一大難題，通路設計總是免不了這樣或那樣的偏誤。讓我們從理論的高度，彙整一下通路設計中存在的八大偏誤：

1. 熱衷自己建構行銷網路

某些企業不想所獲利潤被通路成員「瓜分」，於是放棄了現有分銷商的成熟通路體系，試圖以建立大量的分公司、直營店等方式繞過經銷商，縮短通路途徑，直接將產品送入市場。儘管看起來這樣的結構似乎既降低了成本，又方便了管理，但企業必須明白，市場中存在著諸多不確定性，自身建立的新通路並不一定能夠開啟市場成功營運，反而有很大的失敗機率。

2. 盲目擴張經銷商的數量規模

雖然在一定階段，分銷商的規模和產品銷量成正比關係，但特別注意市場承受力是有限的。一旦分銷商的數量超

出了市場承受的極限，就會出現分銷商竄貨、惡性競爭等不良情況。除某些快速消費品外，其他產品應根據市場承受力來分配經銷商。

3. 通路結構過於繁冗複雜

雖然快速消費品消費者群分散，產品銷售速度快，比較合適多級分銷的模式，但這種模式並不適用於所有產品。多級分銷往往人員眾多，管理難度大，獲得用戶回饋資訊不及時，通路的維護成本較高。所以，通路發展力爭扁平化，要簡潔有效。有時也不妨試試直銷模式。

4. 一味擴大市場涵蓋面

事實上，一些消費力較低的市場不適宜投放中高階產品，市場覆蓋過於龐大，往往得不償失。在進行市場擴張時，企業應充分考慮到通路資金的消耗是否能換取足夠的利潤，企業是否有實力對偏遠市場進行通路管理。如果市場過於分散，企業難免會受到競爭對手的打壓，甚至損害品牌形象，丟失主要市場。

5. 妄想攀「高枝」，嫁豪門

在這裡，我們主要是指某些企業盲目選擇品牌效益鮮明、資金雄厚、銷售力強的大經銷商。企業在選擇經銷商時，一定要有清楚的認知：自身實力是否能夠控制經銷商而

不被反制，企業的產品能否像計畫中那樣得到經銷商的充分重視。企業只有對經銷商有一定的掌控力，才能使經銷商按照自己制定的行銷策略進行有計畫的銷售工作。

6. 對建成的通路沒有持續關注

　　有部分企業，在設計通路時殫精竭慮精挑細選，可通路一旦開始營運，就不再關注通路，單純地認為產品會自動從通路中流通出去。這種觀念是極其錯誤的。這是因為一旦企業幫助力度下降，經銷商所獲利潤減小甚至消失，經銷商就會脫離企業行銷策略計畫而考慮自身利益，甚至被企業競爭對手爭取，解除和企業的合作協定。嚴重時，企業建立的通路將會毀於一旦。完全依賴經銷商提供銷售資訊，企業還會逐漸喪失銷售能力，失去對市場的敏感性。所以說，保持通路暢通，對通路成員的掌控是必不可少的一項重要任務。

7. 只看短期利益，不顧長遠發展

　　通路合作是應作為長期策略，還是實行短期計畫，這是許多企業面臨的一道重要難題。其實，企業和經銷商之間，只有經過長期穩定的合作，才能建立真正的信任，從而實現雙方雙贏。多一個同伴就多一分力量，任何通路的成功都不是一朝一夕能夠實現的。再說，企業與經銷商之間建立相互信任的關係後，雙方都能夠將工作重心放在行銷工作上，節約通路管理、協調的成本。

8. 單純提高優惠政策，全然不顧產品優勢

　　企業會以多種優惠政策來鼓勵經銷商開展銷售，但要注意的是並不是政策越優，經銷商就越積極。如果企業產品自身優勢不足，難以打入市場，那麼企業的優惠政策再多，經銷商也不願接納產品。盲目提高優惠政策，還會使經銷商將獲利重心放在企業讓利上，嚴重影響產品的總體銷售，甚至希望獲得更高的獎勵標準，令企業陷入被動。如果企業實力不足，經銷商甚至會為了避免虧本的風險，而主動放棄和企業之間的合作。

通路開拓的一般流程

● 分銷市場中的通路設計

1. 通路的結構構成

通路結構的定義是，為了實現分銷目標，為產品或服務而設定的通路成員的關係和任務結構。目前大型企業，大多選用傳統的三級通路結構，即產品經過三級經銷商後到達市場終端。目前市場上常見的通路結構組成如下：

▸ 一級經銷商：即總代理商。一級經銷商得到廠商直接授權。一級經銷商會購買大量產品，能夠為生產企業分擔壓貨等風險。一級經銷商負責管理、維護和發展代理區域市場範圍內的二級經銷商。

▸ 二級經銷商：即二級代理商。二級經銷商得到一級授權。二級經銷商在銷售中造成了分流的作用，同時承擔著產品的物流配送功能。一級經銷商是產品保持價格穩定的關鍵流程。

▸▸ 三級經銷商：即三級代理商。三級經銷商直接與市場接
洽是企業產品流入各級市場的最終出口。

2. 通路策略的目標

企業在進行通路策略設計時，要達成以下五點目標：

▸▸ 保持通路運作流暢。

▸▸ 保證產品輸送暢通。

▸ 保證產品數量充足。

▸ 保證資金迴流及時。

▸ 降低營運風險。

3. 善於利用經銷商達到銷售目標

某些企業過分依賴某個熟悉或是信任的經銷商，無論是
重點產品、新產品還是對銷售實力要求很高的一類產品，都
習慣於交給他來做。其實，經銷商不是萬能的，再優秀的經
銷商也不可能做好全部產品。更何況，經銷商也有選擇的權
利，對於企業強加的某些產品，經銷商並不會將推銷重點放
在上面。

● 選擇一級經銷商，從數量和品質上下功夫

選擇一級經銷商要從數量和品質兩方面來考慮：

1. 確定一級經銷商的數量

企業可以從自身產品的市場覆蓋情況和總體銷量來確定總代理商的數量。一般情況下，總代理商為避免在銷售回款中占有過大比重，通常將總業務量中的比例控制在 5% 以內。從實際來說，各個經銷商實力不均，所以調整經銷商數量以保證滿足企業銷售量即可。

除銷量因素外，企業還應考慮各區域市場的發展狀況。區域發展不平衡，各個經銷商實力不一，其銷售模式也各不相同。在沒能單獨覆蓋市場的經銷商的區域市場內，就要在不受其他地區經銷商所控制的市級區域市場內選擇經銷商。並且，這家分銷商還必須能夠牢固占領目標市場的主要份額，短時間內無法被其他區域代理所超越。如果經銷商的實力足以覆蓋整個大範圍區域市場，那麼企業就要依照自身實力決定是否與這家經銷商進行合作。如果企業產品不具備一定的市場優勢，那麼經銷商也不會對產品產生濃厚的興趣，也沒辦法將產品推廣至市場。

2. 評價一級經銷商的品質

所謂一級經銷商的品質，指的是其經營規模和綜合實力，還有其下屬員工的工作態度以及市場意識。作為地區的總代理商，只有配套的規模實力和分流通路，才能更好地幫助企業發展壯大。具體分析以下三點：

▸ 經銷商的資金狀況。作為區域總代理商，只有充足的資金支持才能維持通路的正常運轉。如果經銷商的資金周轉和企業的業務量不匹配，不能及時付清貨款，那麼企業就有被經銷商低價傾銷產品以促使資金迴流的可能發生。這種行為嚴重危害了通路的正常執行。對於經銷商，企業應只賦予與其經濟實力吻合的通路地位。

▸ 分銷商的物流狀況。良好通暢的物流運輸條件是產品向市場流通的一大重要關鍵。如果物流沒有得到保障，通路絕對沒辦法正常運轉。對於物流條件不足的經銷商，同樣可以將任務分攤給其他同等級的代理商。

▸ 企業對總代理商的控制力。作為區域總代理商，一級經銷商在區域市場內缺乏一定的競爭力。如果經銷商為了一己私利而提高與企業的合作門檻，那麼將會為企業在這一區域的營運帶來極大的壓力。

● 二級經銷商負責引導商品流向不同的市場

這裡的二級經銷商，其級別劃分與經銷商規模勢力無關，特指與企業和一級經銷商簽訂三方協定的銷售單位。哪怕規模較總代理商大，二級經銷商在通路內的級別也低於一級經銷商，受一級經銷商直接管理和企業的間接管理。二級經銷商負責引導商品流向不同的市場。

1. 確定二級經銷商的數量

一般情況下，二級經銷商的數量最高為一級經銷商的 5 倍。為保證與一級分銷商實力相適應，並能夠涵蓋終端市場，二級經銷商的銷售量和銷售額在總代理商回款金額中，大約占 60%。作為二級分銷商應廣泛覆蓋不同的區域市場。在地方行政區中至少設立一個二級經銷商，個別較發達的行政區中，也可以設定一個二級經銷商。二級分銷商設定，應充分考慮市場覆蓋的寬度，盡量涵蓋大多數類型市場。在企業力不能及的區域市場內，二級經銷商能有效地幫助企業分擔壓力。

2. 評價二級經銷商的品質

選擇二級分銷商，同樣要充分考慮其管理水準、發展前景等條件以及所覆蓋的市場區域。和總代理商不同的是，二級經銷商往往只針對一種或幾種產品開展市場運作。所以，企業應根據自身產品的需求，盡可能地選擇不同種類的二級分銷商，且同類分銷商數量不宜過多。因此，二級經銷商全方位覆蓋二、三、四級區域市場。二級經銷商在通路設計上直接受總代理商的管理，這就要求二級經銷商要具有足夠的合作能力，能夠配合一級經銷商進行通路營運。一旦二級經銷商以自身實力強而不願屈居人下，不能夠服從一級經銷商的管理，通路就會變得混亂不堪。

三級分銷商的市場輻射力最強

在通路結構中，數量最多、分布最分散，也是最難管理的，就是三級分銷商。在這裡，通路中所有不被定義為一二級經銷商的中小行銷單位，都被定義為三級經銷商。雖然三級分銷商直接接觸消費者群體，整體市場輻射能力強，但也因為管理力度不足的問題，較容易產生竄貨、價格競爭等不良現象。

1. 選擇三級經銷商

作為直接同消費族群接觸的分銷商，三級分銷商的分布應具有分布廣泛、數量眾多的特點。企業在選擇三級經銷商時，要根據自身產品所占有的市場終端及產品發售量進行選擇。在市場內，三級分銷商只能單純地進行產品銷售，而不參與產品調撥。

2. 管理三級經銷商

作為通路管理一大難點，企業在對三級經銷商進行管理時，要特別注意資訊的溝通與交換，還要注重對其進行企業文化與通路整體目標的教育。具體的管理措施包括定期舉行展售會、新產品推廣會等，幫助三級經銷商確定貨源通路；在較為偏遠的區域市場內，每年實行短期壓貨政策；適當實行政策促銷活動。

　　企業在進行通路設計時，必須全面收集市場資訊，並認真研究、分析、規劃通路和市場執行的每個流程，確立管理方針是一項十分繁重的系統性任務。進行通路設計，一定要具備大局觀和統籌觀念。只有將通路設計工作做好，才能在通路建構工作中不失分寸，才能真正達到產品銷售的目的。

案例解析：
可口可樂「無處不在」的通路開拓之路

　　風靡百年的可口可樂是由美國喬治亞州亞特蘭大市的藥劑師約翰・彭伯頓（John Stith Pemberton）於 1886 年發明的。1892 年，商人坎德勒（Asa Griggs Candler）買下了可口可樂的專利權，創立了可口可樂公司。

　　僅僅憑藉一瓶碳酸飲料，可口可樂公司成就了世界第一飲料品牌。究其成功的根本，除了產品本身有實力之外，還在於其非常重視品牌推廣和運用本土化策略。而後者，正是其在華人市場獲得成功的重要因素。可口可樂通路勝利的祕訣，就是「平衡」。

　　1970 年代，可口可樂打入華人市場。從當時只有上等飯店才能見到其身影，到現在遍布市場的各個角落，通路營運在其中造成了至關重要的作用。可口可樂的通路設計大致可以分為批發系統、KA 系統（大型銷售終端）、101 系統和直營四種主通路，並構成了可口可樂通路系統的主框架。

1. 批發系統

在華人地區，可口可樂公司取消了經銷商級別劃分，統稱為批發商。在促銷政策及獎勵措施上，可口可樂公司也對全部批發商一視同仁。除銷售目標不同外，這些批發商與可口可樂公司簽訂的合約是完全相同的。可口可樂公司還會透過培訓等形式幫助客戶做市場，教會客戶如何管理自己的業務，而並非像其他公司所做的那樣，將產品的分流與銷售交給各級經銷商，並由經銷商負責市場的開拓發展。

2.KA 系統

KA（Key Account）系統是一種較為先進的現代通路，指標對大型直接銷售終端平臺的通路運作系統。可口可樂將 KA 系統分為大型賣場、大型連鎖超市和大型便利商店三類。需要注意的是，如果某一客戶同時具備以上三種形態，那麼它就需要簽訂三份針對不同形態的合約書。在國際市場上，許多 KA 客戶已經和可口可樂公司有著長期的合作基礎，所以可口可樂公司還設立了專門進行此類合約談判的談判經理，以求更加緊密合作。

3.101 系統

所謂 101 系統是 2000 年時可口可樂公司從華人地區民情出發，專門設計的一種通路系統。在這種通路系統內，可口可樂裝瓶廠將產品配送交給當地批發商，而批發商同時可以

獲取一定數量的配送費。可口可樂則專門負責在該地區的產品推廣，雙方各司其職、共同發展。憑藉這套系統，可口可樂從貨運的壓力中解放出來，大大降低了銷售成本，提高了銷售效率，使銷量實現直線上升。

4.行銷通路

雖然行銷通路是一種較為常見的銷售通路，但可口可樂公司依舊注重細節，認真探索研究市場，對每條通路都能進行有針對性的運作。無論是餐飲行業、旅遊景點還是各類學校，可口可樂都能拿出最具針對性的銷售策略和服務事項。

正是對以上四條通路的平衡運作，使得每條通路都能在公司宏觀統籌下各主其職，各盡其能，以健康穩定的模式穩定運轉。

可口可樂的通路平衡運作具體分析如下：

▸ 價格體系。可口可樂公司以月來計算銷售週期，每個月都會根據重新根據上月的平衡情況和本月的計畫來重新定製行銷策略，力求各個通路達到價格上的平衡。

▸ 政策優惠。可口可樂公司的產品有著很高的價格透明度，想要吸引客戶進貨，就要經常以折讓的形式更新價格平衡體系。而正是因為這種價格平衡體系，又杜絕了客戶因價格折讓而產生竄貨行為的可能性。

▸ 通路促銷。不同於其他企業，可口可樂公司並非採用傳統的降價形式開展促銷，而是將促銷重點放在了生動化和產品陳列上，並嚴格控制促銷時間，嚴格促銷過程的監管，避免促銷成為隱性降價。

▸ 市場活動。可口可樂公司還以各種市場活動來幫助通路平衡。比如將新產品投入某些利薄的重點通路，使利潤得到一定程度上的補充；或是利用品牌主題活動提高市場的注意力，促使某些通路的銷量提升。總之，可口可樂盡量避免了在價格上影響通路，從而避免了通路之間產生不必要的價格競爭和竄貨現象。

▸ 其他手段。可口可樂公司還會運用其他手段來幫助通路形成平衡，使每條通路和諧發展。

第四章

通路維護，守護企業的生命線

　　創業難，守業更難，通路的開拓與維護也是如此。大量的行銷案例告訴我們，「內線不穩，外線就會吃虧」。如果不能有效做好行銷通路的維護工作，那麼長時間工作的最後結果很可能是功虧一簣。

通路維護是保持流暢的潤滑劑

通路的開發與建構就好比人與人之間的情感，必須時時維護才能永保活力。那麼，企業該怎樣進行通路維護呢？

通路維護的第一步，就是要對通路目標進行重新評估分析。我們在進行通路設計之初，就已經進行過通路目標的評估工作，而現在所需要做的就是根據當前市場狀況，來重新修正通路目標和企業發展方向。如果忽視了這種對通路目標的複查，就很容易偏離企業發展道路。所以說，及時進行通路維護是一件非常重要的事。

● 通路維護的四種要素

通路維護，實際上就是企業與通路商共同進行市場開拓、共同發展進步的一個過程。在該過程中，企業還要實現與通路商的雙贏。一般來說，企業可以從獎勵政策、通路減壓、秩序維護、供貨能力四個方面進行通路維護：

1. 從獎勵政策方面進行通路維護

通路獎勵的目的是提高產品對經銷商的吸引力，維護其通路忠誠度，提高其銷售積極性。企業可以從優惠政策、市場支援和職業培訓等方面進行通路獎勵。

2. 從通路減壓方面進行通路維護

雖然壓貨是作為一種促銷手段出現，但因為其對銷量的影響較為緩慢，容易為通路帶來沉重的資金壓力，所以經常會受到各級經銷商的牴觸情緒，嚴重時還會導致銷量降低，適得其反。因此，企業應該依據市場具體情況，慎重考慮壓貨措施帶來的影響，在適當的時間裡為通路進行減壓。

3. 從秩序維護方面進行通路維護

儘管秩序井然且張弛有度的商業競爭能造成穩定通路、促進產品銷售、提高經銷商利潤的作用，但在不平衡的優惠政策以及個別地區市場條件較差的情況下，非常容易出現經銷商之間竄貨、抛售等惡意競爭的激烈局面。所以說，良好的通路環境是保持通路暢通、企業市場正常運轉的必要條件。

4. 從供貨能力方面進行通路維護

充足穩定的貨源，是通路正常運轉的基礎。而快捷流暢的物流體系，則是保證產品進入市場的先決條件。現如今，

越來越多的企業將物流體系提高到策略層面，竭力推陳出新，以發現更適宜市場的物流運作套路，或是和可靠的第三方物流簽訂合約，以保證為通路組織提供良好的銷售流程。

● 通路維護的具體要求

通路維護就要在既不危害生產者利益，又不超過消費者承受能力的情況下，在最大程度上保障通路的利益。具體而言，通路維護要做到如下幾點要求：

▸▸ 進行通路維護，就要幫助通路經銷商建立銷售子網路，並保持網路順暢，以便及時分散銷售、庫存等壓力，加快產品的流通速度。

▸▸ 進行通路維護，就要保證生產商與經銷商之間關係的協調性，二者之間建立相互信任的關係，以保證經銷商可以將更多的精力放在產品的銷售上，更願意將和企業的合作關係繼續下去。

▸▸ 進行通路維護，就要加強企業產品的品牌形象樹立，加強產品的廣告宣傳和多種形式的促銷活動支持，減少商品進入市場的阻力，提高產品的銷量，並充分利用好通路中的每一點資金，使產品真正為企業和經銷商帶來利潤。

▸ 進行通路維護，就要加強企業和經銷商之間的溝通，遇到問題要共同協商合作解決，及時有效地幫助經銷商解決問題，消除經銷商的顧慮，維護經銷商的利益，保持經銷商的心態平衡，主動引導經銷商進行產品銷售，努力做到企業和經銷商共同發展、共同進步。

一條健康穩定的行銷通路，能夠培養通路商的忠誠度，並利用通路內的合理競爭促進產品的銷售和經銷商以及企業利潤的獲取。因此，每家企業應該注重用合理的辦法來維護通路，保證通路的活力與暢通。

● 通路維護中要特別注意的幾個方面

通路維護工作不是單一的某項工作，而是一件幾乎涵蓋了通路內所有經銷商的重要任務。通路維護工作的涵蓋範圍很廣，幾乎涉及了企業與經銷商之間的每一件事，因此，我們必須要將通路維護的問題當作工作的一項重點來做。雖然通路維護不易，但其實只要能夠找對方向，堅持不懈地進行下去，終究會做好這項工作。下面我們來說說幾個在進行通路維護工作時要特別注意的地方：

1. 進行通路維護，需要注意企業與經銷商之間的連繫溝通

通常情況下，經銷商和負責初期通路開發的業務經理較為熟悉，因此遇到許多問題之後，第一個想要找的人總會是

這些業務經理。但畢竟每個人的精力有限，業務經理本身的工作繁多，不可能及時處理全部問題。就算當時答應下經銷商的問題，過後也有忘記的可能。一些本該其他部門處理的事情，也因為沒有得到資訊而暫時被擱置下來。最後問題沒得到解決，企業與廠商不歡而散。作為生產者，企業為避免這種情況的出現，首先就應該擬定一份簡單可行的《業務流程SOP》，根據部門職能和業務性質劃分經銷商可能會遇到的一般問題，並在《SOP》上註明全部流程關鍵，附清每一流程相關負責人的連繫資訊。要將此《業務流程SOP》同意下發給各級經銷商，使他們清楚遇到問題應該找哪位相關負責人，並要求他們嚴格按照業務銜接流程來辦理事項。並且需要注意的是，在確立此項流程制度後，業務經理就不能再像從前那樣面面俱到，而是要在經銷商找上門時盡力說服他們按照流程辦事。這樣做的好處在於，不僅規範了經銷商的資訊通報，而且還將業務經理從各種繁雜的問題中解放出來，更加專注地進行市場工作。並且，在此制度的進行下，經銷商能逐步意識到，為他提供服務的並不是某個業務經理，而是整家企業。再者，還要加強企業內部員工的分工合作，實現企業內部流程的良性發展，及時懲處並整治不暢通流程，以達到提高經銷商的滿意程度的目的。

2. 進行通路維護，需要注意提升業務經理的通路使命感

業務經理不僅要負責通路開發，還要承擔起維護區域市場通路的重任。這就要求業務經理必須具有強烈的使命感，將通路維護當作自身應盡的責任。對生產者來說，適當時期對業務經理提出有關通路維護工作的具體要求是很有必要的。比如說，可以規定業務經理進行定期定量的進行電話回訪和上門解決經銷商問題，可以規定有後續訂單的經銷商要占總客戶的百分比等。同時，還要加強對業務經理的任務執行情況進行考核和監督，對沒有按照企業要求完成任務的業務經理實行一定的懲處。只有將業務經理的工作理順弄清做好，企業維護通路才不會是空談。

3. 進行通路維護，需要注意發揮數據預警功效

通路的維護，不能僅僅依靠出現問題之後的整治和處理，還應該未雨綢繆，將問題扼殺於搖籃之中。對於企業來說，只有健全自身的預警機制，才能更有力地維護經銷通路。因此，企業內部必須要加強各部門之間的資訊溝通交流，還要關注財務每期的經銷商通路數據分析。企業所收集數據必須全面並且可觀，既要對經銷商之間進行橫向比較，又要有同一經銷商不同時期的縱向比較。只有這樣，我們才能夠根據經銷商電話的多寡和進貨量的增減而進行分析，並從這些數據中發現問題的苗頭。這樣，企業就能針對將要產

生的問題及時做出反應，並及時預防或進行整治。必要的時候，企業還可以下派工作人員前往經銷商那裡，尋找影響和困擾經銷商的問題所在，並加以解決。

4. 進行通路維護，需要注意溝通的多樣性和實效性

即時有效的資訊傳遞，能為企業和經銷商帶來極大的便利。所以，無論是企業還是經銷商都希望能有多種多樣的溝通形式，以便更加輕鬆快速地解決問題。在企業和經銷商的溝通模式上，常見的有集體會議、年會、洽談會、聯誼會和培訓會等幾種形式。但事實上，有許多企業並沒有意識到這些會議的重要性和必要性，認為開會只是一種形式，既浪費時間和金錢，又容易引起經銷商的不滿情緒。其實，企業的這些顧慮根本沒有必要。這些交流會的開展，只要能真正幫助經銷商解決問題，不但不會使經銷商感到麻煩，反而會令經銷商感受到企業的真誠和支持，能夠讓經銷商看到企業和自身在共同發展、共同進步，也能夠讓企業從經銷商那裡發現自身的不足之處，從而更加堅定自身發展的方向和線路。如果企業與經銷商之間沒有足夠的溝通，沒有建立相互信任的關係，就不能夠開展密切的合作。只有大家彼此傾聽交流，企業和經銷商的關係才能夠更加和諧，二者之間的合作才能夠帶來更多的利潤。

平時維護是關鍵，勿臨時抱佛腳

　　業務人員既是作為企業的代表，與各級經銷商相互溝通連繫的中間人，又是履行企業與經銷商之間合作關係的實踐者。因此，業務人員不僅要從公司的利益角度出發，還要注重協調企業與經銷商之間的關係，幫助經銷商解決銷售中遇到的問題。

　　因此，一名合格的、優秀的業務人員，想獲得經銷商的滿意，就要有認真負責的工作態度，要學會從經銷商的角度去看、去想，培養起經銷商與企業之間的情感。經銷商追求的重點無非是獲取更多的利潤，業務人員如果能夠為經銷商帶來極大的利潤收益，必然會得到經銷商的積極配合，全力做好產品的推廣與銷售。雖然最終目的是相同的，可不同經銷商因其自身情況和所面臨的問題不同，也會有著不同的利益預期。因此，業務人員要具有很強的溝通能力，隨時與經銷商進行有效的資訊交流，才能夠為經銷商提供所需的幫助。

● 維護通路，就要維護各級經銷商的利益

維護通路，就要維護通路中不同成員的利益，尤其是各級經銷商的利益。以某品牌空調為例。華人空調市場各大品牌難分高下，為了促進銷售，紛紛打響了價格戰，企圖以價格戰的模式迅速占領市場占有率。價格戰帶來的除了銷量的上升之外，更多的卻是對經銷商利益的損害。

在這樣的環境背景下，某品牌空調提出了「通路訂製機型」的方案。這個方案的內容主要是將經銷商的需求、當地市場的特點以及消費者的購買趨勢綜合起來，專門生產出適應該區域市場的空調。這批空調進行了成本方面的壓縮，相比較其他通路銷售的空調，其價格更低，更適應當地的市場環境。同時，這個方案的實行，既保證了產品的售後站點服務及安全，提高了服務水準，也保證了快捷便利的結算方式，提高了經銷商所得的利潤，還因此搶占的一定量的市場占有率，可謂一箭雙鵰。

這個方案，無疑是企業與經銷商憑藉緊密信任的合作關係而得到供應的經典案例。憑藉此方案，這家空調企業哪怕是面臨銷售淡季也依然將產品銷量提高了近十倍。

如何掌握通路的控制辦法，這對業務人員來說是一件非常重要的事情，同時也是企業在進行產品銷售工作中要面對的一個大問題。市面上許多符合市場需求的產品，明明產品

自身無論是設計還是品質都很不錯，卻總是達不到理想的銷售目標，究其根本，往往是因為其所在的銷售通路並不完善。一條良好、順暢的銷售通路，離不開對通路成員關係的悉心維護。只有逐步完善銷售通路，才更容易達到產品銷售的目的。

● 維護通路，就要維護各級經銷商的關係

一般情況下，我們將經銷商劃分為兩大類：第一類由廠商將產品以低於市場價的價格出售給經銷商，而不會對代理經銷商的銷售行為進行過多的干涉；第二類則由廠商負責對產品的宣傳、推廣與維護，而經銷商則單純地負責產品的分銷。兩種類型的經銷商在進行銷售活動的過程中，往往會遇到不同的問題。所以，要想維護好與不同經銷商之間的關係，就必須對經銷商進行充分的調查研究，掌握經銷商的第一手數據，分析其所正在經歷或即將面臨的各類問題。比如說，想要了解經銷商的銷售通路是否健康，就可以從三個方面入手：第一，可以從次一級客戶處得知他們的進貨及合作情況，以判斷經銷商的銷路是否良好；第二，可以透過其他經銷商間接打聽其市場占領情況，得知經銷商的競爭壓力；第三，可以對經銷商進行實地調查，最直觀、最全面地了解經銷商目前的情況。只有這樣，企業才能有針對性地幫助經

銷商解決問題，以便得到更好的發展，或是及時結束與不良經銷商的合作。

再者，維護企業與經銷商之間的關係，還可以從所合作的專案上著手。企業可以為經銷商提供關於產品知識技術的專業培訓，開展針對特定問題的專項服務，並輔以適當的獎懲措施。這樣做可以透過企業與經銷商之間的相互溝通與交流，及時發現並彌補雙方之間出現的問題，還可以間接影響經銷商對市場的理解，有助於企業進一步達到掌控市場的目的。當然，企業的前提是要對目前市場情況有相當程度的了解和對未來市場情況的合理估算。只有真正幫助經銷商解決實際問題，才能獲得經銷商的充分信任。

正如前文所講的那樣，企業和經銷商的最終目的都是獲取更多的利潤。因此，在企業選定合作夥伴後，有必要採取一定的獎懲措施來達到刺激經銷商的銷售熱情，規範經銷商行為的目的。具體來說，對於一類經銷商，企業可以適當採用優惠促銷等活動，用季度現金回饋、信用等級等措施刺激經銷商；還可以定時舉辦產品培訓，讓經銷商更加了解自身所經營的產品；或是定期舉辦客戶展售會，幫助經銷商建立更加全面的銷售網路。這樣，不但可以提高經銷商的銷售業績，還能幫助企業掌握經銷商的下線銷售網路，掌握行銷的主動權。個別時期，還可以輔助經銷商舉辦針對下線客戶的

產品展售會、聯誼，讓較小的通路商對產品更加了解，以強化行銷的信心。為了提高經銷商的競爭力，企業可以在同一個區域市場中設定兩名經銷商。這樣做的好處在於，既能提升經銷商的競爭壓力，促進其進行產品的推廣促銷，又可以避免在區域市場內讓經銷商一家獨大，最終導致反控企業，使企業在行銷中局面被動。可以嘗試使用兩個經銷商，這樣做既可以彼此競爭，同時又避免被經銷商控制銷售通路，在行銷中變得被動。對於這兩類經銷商，企業只負責向經銷商派駐業務管理人員即可，不需要負責其他的市場運作步驟。這些業務管理人員，不但要對經銷商進行業務方面的指導，同時還擔負著為企業收集客戶資訊、探索市場動態的重要職責，並且可以在經銷商出現不符合企業利益的行動時，隨時有替代其功能的經銷商，或是直接參與市場的操作。

● 維護通路，就要把握消費者的需求

作為最重要的通路銷售資源，終端資源無疑是企業占有市場的需要謹慎考慮的對象。可以說，對終端市場的選擇決定了企業對市場的占有度。

企業選擇終端，首先要對終端市場進行充分考察。通常情況下，我們從以下三個方面入手：

一是終端市場的地理位置。終端的位置，要選擇在消費

者群體集中的地方。這就要求所選位置的人流量必須具有一定的規模。比如商店街、車站、旅遊景點、住宅區等地方就很適合設定銷售終端。並且，更重要的一點是，銷售終端位置的選擇一定要面對產品目標消費者的聚集點。例如，服裝產品應選擇商店街，而辦公用品和文具產品應選擇在學校周邊等地區。

二是終端的誠信記錄和資金保證情況。在選擇市場終端時，要考察清楚其資金情況和信用程度，以避免在與企業合作後，終端拖欠貨款，為企業資金周轉帶來不必要的壓力。

三是可以選擇同類產品銷路較好地區。雖然這樣選擇會增加產品上市的壓力，卻可以省去使消費者熟知產品功能的過程，企業就可以將更多的精力和資金投入到對產品的銷售中去。

企業完成對終端的選擇後，下一步的工作就是進行通路維護，保障企業與銷售終端的良好合作關係。具體來說，就是要做到誠信合作，加強和銷售終端人員的溝通交流。比如說，企業可以在拜訪業務人員時送上用心準備的小禮品，以便增進雙方之間的情感；還可以在平時做一些如卸貨、上架等輔助性的力所能及的工作。此外，企業也可以定期舉辦一些有助於雙方交流的聯誼活動，像培訓、聯誼等。

與銷售終端的業務經理的關係處理，同樣是一件非常重要的事。作為企業的業務人員，可以先摸清終端經理的興趣愛

好，並對終端經理所關注的領域加以學習研究，以便在同業務經理交流時，雙方之間能夠尋找到共同話題，大幅度地拉近彼此之間的距離，增進彼此之間的友誼。每逢年節時，還可以適當贈送一些合適的禮品來表示對終端業務經理的親近。除此之外，平時在與終端業務經理溝通時，還可以為其提供一些有用的市場資訊，融入業務經理的日常生活。在企業與終端經理打下較好的情感基礎之後，企業的產品自然就能夠得到終端的關注，贏得一定的主動權。如果終端將產品或產品宣傳安排在店裡較為顯眼的位置上，那麼自然會使產品更快地被消費者所認知接納，銷售量也就會隨之水漲船高了。

● 維護通路，就要有良好的外圍關係

與一般的國外市場不同，在社會大環境的影響下，商店市場有著地方特色鮮明的本土化特點——人情市場。誠然，在商店市場中，並非擁有優秀的經銷商和終端市場、產品本身具有明顯優勢就可以輕鬆打入市場的。事實上。產品從企業流向消費者的過程中，需要與許多不同的有關部門發生關係，這是任何企業都無法避免的。維護行銷通路，就必須小心維護這種社會關係的存在。企業應該培養或聘用專門的公關型人才，應對這種與職能部門發生的各式各樣的關係。

妥善處理客戶的投訴

　　沒有哪家企業的服務能夠十全十美。所以，企業在銷售過程中，時常會遭到顧客的抱怨甚至是投訴。但顧客諸如「價格貴、品質不好、服務態度差、售後服務不好」等不好的回饋，除了表達自身的不滿之外，更多是為企業提供了發現不足、改變自身、完善提升的機會。企業只有將顧客的滿意程度放在重要的位置上，才能獲得更多的客戶資源，得到立足於市場的資本。消費者常常喜歡將自己不愉快的購物經歷向他人述說。由此可見，如果不能妥善處理顧客的投訴，企業失去的就不僅僅是某一位客戶，而是一個龐大的客戶群體甚至是辛苦建立起來的整個通路、整個市場了。

　　讓我們來分析這樣一個例子。某大型連鎖商場的顧客服務中心接到了這樣一起顧客投訴，投訴的內容大致如下：一位女士在商場購買了某品牌優酪乳後，到了一家餐廳吃飯。吃完飯和朋友聊天時，順手將優酪乳拿給自己的孩子喝，突然聽見孩子大叫：「媽媽，優酪乳裡有蒼蠅。」這位女士馬上去看，發現被撕開盒蓋的優酪乳裡，果真有一隻蒼蠅。這

位女士非常生氣，馬上帶著小孩來商場投訴。正當這時，有位值班經理聞聲走過來說：「既然你說有問題，那就帶小孩去醫院啊，有問題我們負責！」這位女士一下子火氣就上來了，大聲喊：「你負責？那你現在去吃 10 隻蒼蠅，我帶你去醫院檢查，我來負責好不好？」邊說邊在商場裡大喊大叫，並口口聲聲說要去「消基會」投訴，引起了許多顧客的圍觀。

在這個例子中，因為其值班經理對消費者投訴的不恰當處理，引發了消費者的不滿心理，從而導致消費者在商場中大喊大叫，不但不會使問題得到妥善解決，還會對商場乃至產品的形象產生不良的影響。那麼，在這種情況下，要如何正確處理消費者的投訴問題呢？讓我們繼續分析下去。

該購物廣場顧客服務中心負責人聽到消息後馬上趕來，先是讓那位值班經理離開，再把顧客請到辦公室，一邊向顧客誠懇道歉，一邊耐心地詢問事情的經過。負責人向這位女士著重詢問了以下幾個問題：①發現蒼蠅的地點；②確認當時優酪乳的盒子狀態是撕開盒蓋還是只插了吸管；③確認當時發現蒼蠅是小孩先發現的，大人不在場；④詢問顧客以前購買同款牛奶時有沒有遇到過類似情況。在對情況進行詳細了解之後，商場方提出了處理建議。但由於顧客對值班經理所說的話一直心存芥蒂，不願接受商場的道歉與建議，雙方

僵持，始終沒什麼結果。最後，商場負責人只好讓顧客留下連繫方式，換個時間與其再進行協商。

　　第二天，商場負責人就與這位女士取得了連繫：「我商場已與優酪乳公司取得連繫，得知流水生產線是無菌封閉的操作間，希望能邀請您去參觀了解。」並對這位女士提出，本著負責的態度，如果顧客要求，商場也可以連繫相關檢驗部門，對蒼蠅的死亡時間進行鑑定與確認。此時，顧客接到電話時已經冷靜下來了，並且也感覺到了商場對此事的認真嚴謹，態度就緩和了許多。這時，商場又對值班經理的講話誠懇地道歉，並對當時顧客發現蒼蠅的地點──環境並不是很乾淨的小吃店，大人不在現場、優酪乳盒沒封閉等情況做了分析，使顧客了解到不排除是蒼蠅在牛奶盒開啟之後落入的。透過商場負責人誠懇的不斷溝通，顧客終於不再生氣了，並且告訴商場負責人，其實，讓他們生氣的不是事情本身，而是那位值班經理所說的話。

　　從這個案例，我們可以得知，只要能妥善處理顧客的投訴，企業就能較好地維護客戶群乃至整個通路市場了。

● 及時了解顧客投訴的原因

　　顧客的滿意度大致與三個方面有關：產品和服務的品質、產品和服務是否符合顧客的預期、服務人員的態度及方式。如

果顧客對企業的產品或服務表示出不滿，很大可能是因為這三個方面出了問題。下面我們來詳細說說顧客投訴的類型：

1. 按投訴的性質，可以分為有效投訴與溝通型投訴。

有效投訴具體可以分為兩種：對產品或服務本身存在的問題進行投訴，或是對服務人員的態度與方式進行投訴。溝通型投訴有三種類型：求助型投訴、諮詢型投訴以及發洩型投訴。其中，求助型投訴是指消費者需要企業幫助或解決某些問題；諮詢型投訴是指消費者向企業詢問產品詳細資訊或是詢問問題的解決措施；發洩型投訴則是指帶有不滿情緒的消費者以激烈的態度要求企業解決所遇到的問題。如果投訴處理不當，那麼溝通型投訴很容易就會演變成有效投訴，對企業的整體形象有著不良影響。所以，企業在接到顧客的投訴時，必須認真妥善對待。

2. 按投訴的內容，可以分為對產品品質的投訴、對銷售服務態度的投訴、對售後服務品質的投訴以及對突發性事件的投訴。

針對不同的投訴內容，企業要及時與客戶進行溝通，拿出切實可行的解決方案，解決客戶遇到的問題。事實表明，80% 的客戶願意與能夠有效解決產品問題的企業繼續合作；如果企業的回覆及時並準確，態度良好，那麼 90% 的客戶還會更加願意加強同企業的合作關係。

　　顧客在投訴時的情緒波動，除了與所遇問題的情況有關外，相當程度上還取決於顧客本身的心理特質。

　　根據古希臘著名醫生希波克拉底（Hippocrates）提出的「體液學說」，我們可以將顧客的氣質劃分為四大類：膽汁質、多血質、黏液質和憂鬱質。據分析，多數重複投訴的客戶，其氣質大都屬於膽汁質和多血質。具有這兩種氣質類型的顧客，其神經活動的興奮度很高，情緒變化大，對情緒的意志力較差，十分容易衝動。由此分析，這些客戶在投訴時，其主要的心理有三種：

　　（1）希望發洩情緒。

　　懷有這種心理的顧客，由於產品或服務所帶來的挫折感，通常在投訴時帶有很大的怒氣和怨氣。在接待這些客戶的時候，就要具有耐心，正面開導，讓客戶將自己的怒氣、怨氣都發洩出來，使自己不快的情緒得到緩解，從而達到心理上的平衡。

　　（2）希望得到尊重。

　　許多顧客在接受企業服務的過程中，與業務人員發生了不愉快的事件。他們在進行投訴時，希望得到的是企業的認可、尊重與重視，希望企業承認他們的正確。因此，在面對這種投訴時，企業只要及時向顧客道歉並採取應對措施，就能達到滿足客戶心理的目的。

（3）希望得到補救。

從根本來說，顧客投訴是希望對已發生的問題得到一定的補救，希望對產生的損失得到一定的補償。這種補救包括物質和精神兩方面。對此，企業要及時對應由企業負責的賠償，並對不能賠償的部分加以解釋並致歉，獲得顧客的理解和體諒。

● 企業應如何對待客戶的不滿

當企業接到顧客的投訴後，往往會為了產品的口碑而及時採取有效的解決措施。其實，消費者的投訴正是企業發現自身不足的大好機會。企業不僅可以在解決問題的過程中增進與消費者之間的溝通交流，而且還可以診斷內部通路經營與管理中所隱藏的大大小小的問題。在對消費者不滿的問題上，企業一定要加以重視。

在處理消費者的投訴時，企業要注意不要忽略任何一個問題。消費者所反映的每一個問題，其根本原因都可能是某些根源性的問題。正確對待顧客的投訴與抱怨，能幫助企業找出自身需要改進的地方。這也就意味著，顧客的不滿不僅為企業帶來了進步的機遇，還蘊含著無限的商機、創新的思路和更加完善的服務體系。

　　消費者在對企業的產品或服務感到不滿時，通常有顯性和隱性兩種表現形式。其中，顯性不滿的具體表現是消費者直接將所遇到的問題回饋，並希望得到解決辦法。而在隱性不滿中，雖然消費者並沒有什麼偏激的表示，但也同時放棄了與企業在今後的合作。通常情況下，企業可以積極處理消費者的顯性不滿並加以重視，但卻對消費者隱性不滿沒什麼具體的概念，因此疏於防範。但實際上，在對顧客不滿意情況的調查中顯示，隱性不滿在全部的不滿意中占到了 70% 左右，而顯性不滿僅為 30%。因此，企業要更加注意顧客的隱性不滿，細心地從顧客的動作、舉止、表情、神態以及言語中感知顧客的情緒變化，及時分析顧客產生不滿的原因並加以改正，做到未雨綢繆。

　　企業在處理顧客的投訴時，應做到具有及時與有效。無謂的拖延時間，只會加深顧客和企業之間的矛盾，令顧客感覺自己得不到企業的重視，進而將這種不受重視的心理傳播至整個消費者群體，使本來很小的一件事變得難以解決，甚至威脅到企業的生存。要是顧客的投訴能得到迅速有效的處理，不但不會產生上述問題，還會在相當程度上提升顧客的忠誠度和其對企業的信任感。

　　此外，企業還應做好對客戶投訴的記錄，認真歸納整理，並定期針對投訴進行工作彙整與規劃改進。

● 企業有效解決客戶投訴的七大原則

企業在處理客戶投訴時，除了解決問題的基本流程外，還要隨時注意保持與客戶之間的溝通交流，改善並培養與顧客之間的關係。釐清有效解決投訴問題的原則，有利於消除企業與客戶之間的隔閡，加深客戶對企業的認知，贏得客戶的支持與諒解。

1. 及時性原則

許多客戶在投訴時，希望所遇到的事情還有可能得到補救。如果問題發生在服務傳遞過程，那麼補救就具有很強的時效性了。如果問題發生在交易完成之後，企業也需要盡快地做出反應。許多企業針對需要及時處理客戶所遇到的問題，因此建立了 24 小時快速反應機制。

2. 沉默原則

企業在處理客戶投訴時，切記不要與客戶爭論。企業在處理投訴時，與客戶交流的目的應當為收集資訊，了解情況，分析問題產生原因，緩和客戶情緒，而不是和顧客進行一場成敗的辯論賽，或是諷刺侮辱客戶。無謂的爭論只會加大企業收集資訊的難度，並不會解決任何實際問題。

3. 換位原則

　　想要得到顧客的理解，企業首先就要做到從顧客的角度看問題。企業可以表明自己對問題的認知完全是出於顧客的觀點——認真聆聽並加以肯定，同時還能夠隨時感受顧客的情緒並加以調節。此外，還要隨時表示對顧客的認同——如使用「我能理解您的不滿」等。這種行動有助於企業修復和客戶之間破裂的關係，能夠恢復商客之間融洽的交流氛圍。

4. 信任原則

　　雖然部分顧客的投訴有些無理取鬧，但在有足夠的證據證明事情的真偽之前，企業必須將顧客的投訴當作既定的事實來對待。如果在投訴的處理中涉及了大量的金錢，那麼就必須對事實加以認證和調查，直到確認資訊無誤方可進行賠償；如果不涉及物質補償或涉及金額較小，那麼就沒必要大動干戈——但確認此顧客是否有不良投訴記錄也很有必要。

5. 公開原則

　　企業要做到處理問題流程透明，釐清解決問題所需的步驟，並告知顧客行動計畫，隨時讓顧客了解問題解決的進度。這樣做不但可以表明企業的正面態度，還使顧客對問題處理的時間進度有一定的期望值。因此，不要許下企業不能兌現的承諾。如果顧客能夠清楚地知道問題處理流程，自然更容易接受處理過程的延期。

6. 補償原則

在顧客因為企業的產品或服務而產生物質和時間上的損失時，企業最正確的做法就是根據事先確定的補償方式為其提供賠償，或是免費提供同類服務。這種做法有助於緩解顧客的憤怒情緒，並降低顧客採取法律手段解決問題的風險，同時還有利於企業口碑的建立。

7. 真誠原則

在處理客戶的投訴時，企業最大的難題並不是解決發生的問題，而是恢復企業和客戶之間瀕臨破裂的合作關係，並將二者的合作關係繼續維持下去。這就需要企業以真誠的態度和不懈的毅力來打動消費者，讓其感受到公司的誠意和歉意，相信企業會為了避免同類問題的發生而對自身進行完善和改進。很多時候，出色的補救工作，還有助於提高顧客對企業的忠誠度，提升企業在市場中的整體形象。

通路維護中的三大矛盾

企業在進行通路建構時，常常會認為通路難以掌控。那麼，通路控制究竟難在哪裡呢？這是因為通路存在三種矛盾。雖然這三種矛盾不能輕易消除，但如果可以巧妙地加以利用，就會產生截然不同的效果。

● 通路維護中區域範圍固定與銷量任務增加的矛盾

在經銷商的每一個區域市場內都被規定了一定量的銷售任務。這些銷售任務不是一成不變的，而是在逐年遞增。沒有進步就不會有發展，但區域市場還是那麼大，憑什麼就要增加銷售的任務量呢？一旦處理不好這個矛盾，就會在相當程度上打擊經銷商的積極性，甚至經銷商為了達到銷售目標，而引發多個地區竄貨的嚴重問題。

一般在市場運作中，企業總會對經銷商進行諸如「不能向指定地區以外的其他地區進行商品的出售，必須嚴格遵守市場價格體系，保持價格平穩」等要求。同時，企業也會對

經銷商下達銷售任務，並針對銷量的多寡來進行對經銷商的現金回饋、優惠等政策，並且隨著合作的展開而不斷對經銷商加壓。但區域市場是有限度的，經銷商為了在保證自身利益的情況下完成企業下達的任務，就會想方設法將產品以低價向其他區域市場大量竄貨。對於這種行為，企業自身也感到十分矛盾：一方面，竄貨行為會在相當程度上侵害被侵入區域市場中經銷商的利益，在市場中產生惡意競價的不良影響；另一方面，竄貨也有利於加快產品的市場滲透率，短期內增加產品銷量，提高產品的知名度。但從長遠來看，這樣做的最終受害者無疑是企業自身。

因此，企業必須對區域規劃和銷量任務增加的矛盾加以解決，同時要保證短期任務與長期目標的平衡關係。其實，只要在通路運作時把握好以下六個方面，區域市場銷量成長就不是不可解決的難題：

1. 尋找區域內的空白市場

產品在鋪貨時，多多少少總會留有一些空白區域。企業可以根據產品所面對的目標消費者群體，分析市場內所擁有的通路類型，判斷出其中有待開發和潛力較大的通路，找到產品在這些有效通路內的空白區域，並加以開發維護。這樣做在相當程度上可以提升產品的銷量。

2. 維護區域市場內的價格秩序

只有為經銷商帶來足夠的利潤，才能提高經銷商的銷售積極性，才會有更多的經銷商願意與企業進行合作，幫助企業進行產品的推廣、宣傳和促銷。因此，想要使產品在市場上流通起來，企業首先要保證的就是各個通路流程的利潤所在。產品一旦不能為經銷商帶來所期待的利潤，企業的產品就得不到經銷商的關注，其市場占有率也會相應下降。

因此說，保證區域市場內的價格秩序穩定健康是保證市場正常有序運轉的前提。

3. 判斷商品的周轉率

一種商品是否能在市場上存活下去，相當程度上取決於它的周轉情況。如果新產品上市後，實行了各種促銷手段還是不見商品的周轉率上漲，就基本可以判定這種商品在這個市場內沒有銷路了。如果商品的周轉率持續增加，那麼就能夠證明這種商品已經被市場所認可，能夠在市場存活並且流通了。

4. 終端促銷是否能提高產品銷量

在市場執行中，終端促銷是業務人員十分喜愛的一種提高產品銷量的常用手段。一旦銷售任務沒有達到既定目標，通常情況下業務人員就會進行各種促銷活動，以便透過促銷來拉動產品的銷量上升。適時進行促銷活動，對產品銷量的提升很有幫助。

5. 分析區域市場內是否產生了竄貨現象

如果區域市場儲備在其他區域經銷商帶來的竄貨現象，那麼就說明這區域域市場內還有很大的可發掘潛力。但是，一旦竄貨現象不受控制，破壞了區域市場內的價格體系平衡，就會嚴重影響到產品的銷售。因此，必須嚴格控制區域竄貨的行為，還區域市場一片淨土。

6. 經銷商與企業的配合程度

作為通路流程的重要組成部分，經銷商的重要性不言而喻。如果經銷商在與企業的合作中配合程度不高，產品不受經銷商的重視，那麼在此區域市場內，企業產品的銷售量就不會有什麼起色。所以，企業必須積極尋求經銷商的支持，與經銷商打好關係，為其提供所需的技術人員與優惠政策等。只要得到經銷商的積極配合與支持，那麼區域市場中的銷量問題就算有了成長的基礎。

通路維護中鼓勵措施與打擊經銷商積極性的矛盾

為了促進銷量，很多企業都會對經銷商採取獎勵政策。在獎品的刺激下，經銷商為了提高銷量進行折扣、降價、贈品等形式的促銷，在短期內提高了產品的銷量，拿到了獎勵。但通路內的價格體系也因此產生了混亂，促銷結束後，產品所能為經銷商帶來的利潤大大減少，打消了經銷商的銷

售積極性。一旦企業停止鼓勵措施，經銷商就再也不願意銷
售此類產品，最終受害的還是企業自己。所以，企業必須在
對經銷商採取鼓勵措施之前，就將利害關係考慮清楚，掌握
好鼓勵與打擊的平衡關係。

　　企業要用什麼樣的鼓勵形式來刺激經銷商的積極性，還
不會衝擊到產品對市場的占有率？從策略的高度來看，我提
出以下幾項建議：

1. 企業在建立新的鼓勵措施時，應當對通路成員強調新的平等觀念

　　在這種平等觀念中，不僅要考慮到結果公平，還要考慮到過
程的公平性。這是因為結果的公平，即利益分配的公平性會影響
通路成員的滿意度，而過程的公平性則有助於提高通路成員對企
業的信任度和忠誠度。只有讓通路成員感受到過程與結果的平等
性，才能使企業的鼓勵措施產生正面影響。這種同時注重過程與
結果的平等觀念，正是企業制定有效鼓勵政策的基礎。

2. 企業要多採用過程鼓勵的方式

　　這就要求企業要建構一套完整的通路資訊系統，對通路
成員進行全方位管理，並在管理過程和資訊掌握的基礎上，
對通路成員進行過程鼓勵。這種鼓勵方式，既能夠保證經銷
商或的利潤，提高其對企業的忠誠度，又能減少經銷商不符
合規範的運作過程，進而培養出健康的銷售市場，在保證企
業利潤的同時，避免了經銷商竄貨等不良行為。但要注意的

是，在企業設定具體的鼓勵措施時，要注意在不同的市場階段，其所對應的鼓勵側重點不同。比如說，在產品的成長階段，鼓勵的重點就要放在排擠競爭對手、市場情況回饋、物流配送保障、促銷執行效果等專案上；而在產品成熟階段，其鼓勵的側重點就是維護通路平衡暢通，對經銷商的措施，就應該以價格維護等專案為主。

3. 對通路成員的鼓勵政策應獎懲並舉

如果放任通路成員各自為政，就極難產生最優的結果。想要引導通路成員向著共同的目標努力，企業就要注意採用適當的獎懲並舉措施。企業還要採用有關專家的知識，為通路成員提供專業化的幫助，使得企業與通路成員之間發展起一種互惠互利的商業關係。當然，企業不論採用什麼樣的鼓勵政策，都要有相應的法律保障。企業可以透過簽訂合約的方式約束與通路成員之間的權益關係；還可以採用排他的銷售政策，以便對通路內成員提供合法的保護。

● 通路維護中獨家代理與通路的多元化趨勢的矛盾

企業採取獨家代理的方式，有助於建立健康的市場體系；但現代市場行銷通路的發展呈現區域多元化，通路的多元化，除了帶來機遇之外也帶來了對市場體系的嚴峻考驗。

有競爭才有發展，二者的關係相輔相成。行業的競爭，

也為通路帶來了多元化的發展流程。在多元化的時代，傳統經銷商面臨著新的機遇和挑戰。一方面，代理商可以利用新興通路得到新的發展機遇和新的利潤模式，快速獲得新的市場占有率；另一方面，新的銷售通路也大大削弱了傳統經銷商的分銷市場占有率，甚至被直營通路打壓擠占，失去全部市場。這種新型的通路模式，為只進行單純分銷的經銷商帶來了嚴峻的挑戰。經銷商所面臨的挑戰和壓力，主要來源於以下幾個方面：

1. 新通路瓜分傳統通路的銷售業績

基於某些新型通路的自身特點，有些企業會將這些通路獨立於傳統的分銷通路進行經營，如網路銷售、電視銷售等。雖然在產品的價格等方面會與傳統通路有所差別，但實際上還是在瓜分傳統通路的銷售業績。

2. 傳統經銷商區域優勢減弱

傳統經銷商在區域市場內的通路占有率高，具有很強的排他性，企業對其依賴性強。但隨著新型通路的出現，傳統經銷商的通路壟斷被打破，失去了與企業談判的籌碼。

3. 通路的扁平化趨勢強化

由於通路競爭加劇，企業為節約成本，不斷縮減通路流程。這就推進了通路的扁平化模式，直營店、加盟店、連鎖店等終端逐漸興起，經銷商面臨著被兼併或取代的命運。

4. 市場格局的兩極化現象嚴峻

　　通路的多元化發展促使市場競爭更加激烈，這就使得原本占有優勢的經銷商實力更加強大，而實力較為弱小的經銷商則漸漸衰弱，被其他經銷商打壓乃至吞併。強者越來越強，而弱者甚至失去了生存的權力，市場格局的兩極分化現象嚴重。

　　為了使企業所面臨的這些矛盾得到充分解決，有些企業採取了特殊產品獨家代理的形式，用以平衡獨家代理和多元化市場的矛盾衝突。但是，這些矛盾並非一朝一夕就能夠得到解決，其關鍵之處，還要看業務人員對於市場的敏銳程度和掌控力。只有進退有度，才能做到既維持了市場的健康有序發展，又保證了企業對多元化市場的適應性。

案例解析：索尼公司的通路維護

　　百年品牌，十年相伴。索尼光學儲存與兩大代理商已經共同走過了十年發展之路，可以說，這種合作創造了 IT 行業通路史上的一個新奇蹟。因為對於日新月異、迅速發展的 IT 行業而言，供應商和其代理商之間能夠穩定合作，即使超過五年的例子都並不多見，像這種相互陪伴、相互依存了十年的夥伴，就更加難能可貴了。探尋索尼的通路合作之「道」，對於眾多的企業，尤其是業界同行來說，都有著很好的參考和借鑑的價值。

　　索尼在剛剛進入他國市場的初期，可謂眼光獨到。由於日本與他國的文化、經濟環境有所不同，索尼面臨著選擇合適的通路合作夥伴是當務之急。早在 1995 年，隨著 Intel 電腦的發布與微軟 Windows95 作業系統的出現，PC 產業也進入了高速的普及和成長期，PC 開始從專業領域步入普通辦公和家庭用品市場。「多媒體電腦」就是從這個時期流起來的，能夠播放多媒體光碟的 CD-ROM 是多媒體電腦的一個基本特徵。索尼憑藉著領先的產品和技術，很快就使光碟機、FDD

軟碟機、MO 等產品成為市場的搶手貨，迅速占據了市場的主導品牌地位。

由於索尼進入國際市場後，對國外市場並不是很了解，相對來說，索尼在與代理商進行合作的初期，更多是那種簡單的貿易關係，基本上沒有市場推廣活動。索尼公司出於對國外市場長期發展的考慮，決定選擇兩家長期的合作夥伴。在當時其中一家 A 電腦通路已經具備較為全面的通路網路，旗下所代理的品牌既有光學儲存產品，也有主機板、顯示卡等其他 IT 產品，綜合實力與發展潛力也都是很強的。B 公司則是很有實力的銷售專業光學儲存產品公司，於是索尼公司眼光獨到地選擇了 A 與 B 這兩家，同時作為索尼總代理。就是依靠這兩家的「全」與「專」，這兩大代理的優勢互補，逐漸形成了索尼光學儲存產品的兩個大方向。而這種獨到的眼光，既為索尼確立了合理的通路結構，也為未來的快速成長打下堅實的基礎。此後，索尼光學儲存產品的銷售業績一路創下新高，在短短的幾年內，月總銷售已達到 30 萬臺，成長的幅度非常之大。

由於索尼同時引入兩家全國總代理，雙方的競爭是不可避免。但是透過良好的通路管理制度，在 A 與 B 兩個代理商之間，形成健康的良性競爭關係，在產品線上形成一個適當的區隔。一方面，兩大總代理各自有不同的產品線作為自

己的主推專案，同時還在共同的產品線上引入一定的競爭機制，從而刺激經銷商的競爭活力。另一方面，兩大總代理各自擁有屬於自己的優勢市場，A 的經銷點廣泛而全面，擁有龐大的行銷網路。B 則有著深厚的背景，側重專業領域，將行業市場做深、做專。如 FDD 產品和 CD-ROM、DVD-ROM 類光碟機產品是由 A 獨家進行代理的產品，DVD-RW 外接和 MO 產品則是由 B 獨家代理；而 CD-RW、COMBO、DVD-RW 內建和外接產品是由兩家通路共同代理的，所以雙方的產品線既有各自的優勢領域，又有一定的重疊，既能避免價格的泥潭，又能夠鼓勵代理商之間進行合理的良性競爭，從而把市場共同做大做強。

索尼將在國外的通路定為三個層次：索尼儲存產品的總代理、索尼儲存產品授權地區代理商和索尼儲存產品授權經銷商。如此龐大的通路體系，必然會面臨著通路管理的問題。在通路管理中，索尼將通路合作夥伴、經銷商視為自己的客戶，始終堅持與通路雙贏的理念。索尼將龐大的通路體系中的每一層用戶，直至終端用戶，都同樣當作自己的客戶來看待，從索尼到總代理、分銷商、區域核心代理商，形成整體的團隊運作模式，索尼就是這樣與各個分銷商層面建立了良好的溝通通路，總是認真聽取通路和客戶回饋的意見。

就是這兩大總代理的十年相伴，索尼走過了十年的風雨

路程，譜寫了精誠合作的新篇章，成為 IT 市場中始終長期穩定合作的少見的典範。認真分析索尼光學儲存通路體系的合作優勢，我們就可以發現，這種長期、穩定合作的主要原因，就是索尼形成的那種誠信守諾、重視消費者、更重視合作夥伴的企業文化與雙贏的合作理念。作為一個家喻戶曉而又長盛不衰的全球著名品牌，索尼在全球娛樂、IT、消費電子及通訊等領域，始終占據著重要的位置，尤其是在多年來的品牌累積過程中，使得索尼在強大的品牌號召力和凝聚力的作用之下，這兩大代理與索尼之間逐漸形成一股持久而又穩定的合力。索尼品牌的號召力無疑是巨大的，而且在光學儲存市場，索尼的產品線也非常之齊全，幾乎覆蓋了所有光學儲存產品的全部類型，而且也是技術標準的制定廠商之一，這也就意味著，索尼是可以提供更多的產品以讓通路獲利的。就是在這種長期穩定合作的基礎之上，索尼已經與各個層次的分銷商、核心代理商，建立了團隊合作的模式，而這種合作模式的戰鬥力是非常強大的，已經成為索尼與兩大代理開展進一步的新合作中，一個重要的組成部分。

第五章

通路鼓勵，致勝的核心利器

在目前消費品行業產品同質化嚴重的環境背景下，企業業績的維持主要依靠企業之間的通路競爭。如何利用通路鼓勵策略維護和開發更多的客戶，建構以企業為主導的行銷價值鏈是決定企業能否脫穎而出的核心。

目標鼓勵：最基本的通路激勵方式

　　鼓勵是指為了提升且鼓舞對象的積極性和創造性，透過一定的手段和方法來刺激人的行為的心理過程，是一種有效的管理行為。根據社會心理學的「態度決定行為」理論，我們可以了解到是人的態度決定了人的行為及其效率。

　　通路鼓勵在時效、力度、條件、形式、頻率、執行等方面，均顯現出極強的變動性、靈活性、複雜性乃至微妙性，因此是一項非常複雜的系統性工程。

　　適度的鼓勵措施，可以為通路的拓寬帶來動力，推動整體通路的良好執行；而不當的鼓勵措施，即過度鼓勵、鼓勵不足或鼓勵無效等情況出現時，鼓勵很可能會失去原本的作用，反而成為通路發展的阻力。因此，企業在進行鼓勵時，千萬要掌控好鼓勵的「度」，把握好通路鼓勵的各個流程，找準鼓勵程度的平衡點。

● 通路鼓勵的基本形式

1. 目標鼓勵

目標鼓勵是通路鼓勵中最基本的形式，也是最常見的形式。具體來說，就是企業每季度或每年為通路成員所制定的一個季度或年度目標，這個目標涵蓋了銷量、銷售額、市場占有率等等，完成或超過目標規定的經銷商，將會得到企業頒發的相應獎勵、與銷售實力所相匹配的地位以及通路權利等。這種目標的設立，為經銷商帶來了一種實力的挑戰。而正是因為這種挑戰會為經銷商帶來一定的壓力，一旦當經銷商將這種壓力轉化為動力時，就會奮勇向前，完美地完成銷售目標，甚至遠遠超出目標規定的額度。這就表明此專案標鼓勵機制是成功的、有效的。但是，企業往往會在制定目標時，沒有找到一個恰當的平衡點，最終導致目標的制定失當。通常情況下，目標失當表現為目標過高或過低。過低的目標，經銷商完成過於輕鬆，企業沒有得到希望的效益，會造成資源的浪費；而過高的目標則會造成經銷商銷售壓力過大，導致經銷商失去銷售的信心，在實際操作的過程中無法集中精力完成銷售任務，造成不好的影響。正因為如此，企業在制定通路目標時一定要注意對市場資訊的收集和分析，要充分考慮通路目標的挑戰性、鼓勵性、明確性以及可完成性，制定科學合理有效的通路目標。

2. 通路獎勵

　　作為一種直接的獎勵方式，通路獎勵往往能為企業帶來意想不到的良好效果。在企業對經銷商所採取的直接獎勵方式中，有物質獎勵和精神獎勵兩種形式。其中，作為通路鼓勵的基礎手段，企業在物質獎勵方面，主要展現為企業為經銷商所提供的價格優惠、通路促銷、通路費用減免以及年終現金回饋等內容。而在精神鼓勵方面，則包括了企業對經銷商的優秀評定、給予通路地位、給予經銷商培訓深造的機會、參與企業決策等等。精神獎勵的主要作用是為了滿足經銷商成長的精神需求，因此也有著不容小覷的作用。因此，雖然物質獎勵往往能帶來巨大的效果，但也不能因此而忽視了對經銷商進行的精神獎勵。物質獎勵和精神獎勵的效果是相輔相成的，二者通常可以並用。

3. 工作設計

　　工作設計指的是一種為了能夠有效地達到組織目標與滿足個人的需要，而進行的有關工作內容、工作職能和工作關係的設計。也就是說，工作設計是一個把合適的人安排到合適的位置，使其能夠發揮自己的才能，因此而感到工作愉快，並能滿足職位需求的過程。這是一種較為高級的鼓勵模式。在通路領域，則是企業根據通路成員的具體例項，為其劃分經營區域或通路領域，並授予其經營特權的形式。這種

形式能夠合理分配企業產品的經營品項，梳理通路，為通路成員找到各自最適合的角色和地位，為其帶來更多的銷售利潤。在這一過程中，企業和經銷商能夠建立尊重平等互惠互利的合作夥伴關係，實現企業與經銷商的雙贏共進。

在實際操作的過程中，企業應該三種措施並舉，將每種通路鼓勵措施結合起來，才能最終實現均衡分配利益、推動企業和經銷商關係協調發展的目的。

● 通路鼓勵的基本原則

在對待通路鼓勵的問題上，經銷商往往希望能從企業那裡得到更多的利益，而企業則要認真考慮投入和產出的效益關係。如果可以找到這個均衡點，就能既達到鼓勵的目的，又能兼顧公平。這無疑是通路管理者所面臨的一個巨大的難題。

通路的本質是對利益的追求，而通路鼓勵則是對通路利益的再分配。如果利益分配均衡，則會造成提高通路動力、推動通路執行的作用；如果分配不公，則會使通路商之間發生利益衝突，破壞通路的平衡和穩定，進而影響企業和經銷商之間的關係，為產品的經營帶來不利的影響。

因此，我們提出的通路鼓勵中應遵循的六大基本原則：

- 一切從實際出發原則，即根據不同地區的不同企業，進行有針對性的通路鼓勵。
- 雙重效果原則，即實行物質鼓勵與精神鼓勵相結合。
- 目標一致性原則，即保持通路成員願望與企業通路目標相一致。
- 兼顧公平原則，即鼓勵的重點與全面性相結合。
- 持續發展原則，即將鼓勵的及時性與長期性相結合。
- 鼓勵的效益性原則，即保證投入與產出相匹配。

　　企業在設計通路鼓勵的過程中，只要掌握了以上六大通路鼓勵原則，就可以在一定程度上掌握通路鼓勵的平衡點，使鼓勵措施可以發揮出最大的效益，從而達到改善銷售、推動通路健康發展的目的。

　　產品在從生產者流向最終消費者的過程中，要經過經銷代理商、各級批發商、零售終端等流程。在這些流程中，中間商對產品銷售的作用是非常巨大的。雖然企業更願意將成本支出到針對消費者的促銷上，但中間商日漸強大的通路控制能力，導致了企業不得不將更多的成本投入到對經銷商的獎勵和資助上。其實，市場中知名度不高的品牌，對經銷商的依賴性更大。甚至許多大型綜合商場，哪怕企業付出進場費，也不願讓影響力不大的品牌進入賣場。由於行銷能力不足，這些企業只能被動地將更多的金錢和精力集中到通路上

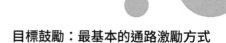

來。因此，企業對中間商的鼓勵變成了產品行銷的策略性因素之一，品牌與通路必須同時得到發展。

在現在的市場環境中，一個不爭的事實就是通路競爭的加劇。在這樣的潮流下，行銷通路的鼓勵策略就是一項需要企業特別重視的事情了。

需求獎勵：從成員的基本需求出發

　　不論對哪家企業來講，鼓勵無疑都是一種經久不衰的有效措施。好的鼓勵措施，能夠為企業帶來許多益處，比如不斷鼓勵經銷商，使之盡快成為企業有效資訊的傳播者；促使通路成員積極幫助製造商獲得更為理想的銷售空間；進一步促使通路成員幫助製造商盡快獲得更理想的銷售時間；鼓勵更多的通路經銷商成為企業資訊的收集者等等。

　　因此，企業對通路成員的鼓勵絕不能盲目進行。只有找準通路成員的需求敏感點，通路鼓勵才能保證鼓勵效果。在進行通路成員鼓勵之前，企業必須透過多種途徑全面了解通路成員的需求，並能夠盡早發現其在產品銷售中可能遇到的無法解決的問題，從而有針對性地進行通路鼓勵。如果企業忽視了與經銷商的溝通交流，就不能夠及時了解到經銷商的真正需求所在，也就不能找到鼓勵的敏感點。盲目地對通路成員進行鼓勵，不僅不能達到企業所預期的鼓勵效果，還會適得其反，使得原本融洽的合作夥伴關係受到不好的影響。因此，企業必須能夠以通路成員的角度來看待問題，站在通

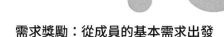

路成員的立場上分析問題，才能真正做到制定切實有效的鼓
勵措施。

● 發現經銷商的需求

1. 對經銷商進行全方位、立體化的調查研究

　　通常來說，企業在進行新產品的通路設計時都會注重消
費者的感受，以滿足消費者需求作為產品通路設計的出發
點，努力使自己的產品迎合消費者的品味。但是，大部分企
業往往都忽視了對經銷商需求的了解，極少或根本沒有進行
過針對經銷商需求的專門調查和研究。因而，在對經銷商實
行鼓勵措施時，常常得不到很好的鼓勵效果，白白浪費了金
錢和精力。所以說，在很多時候，想要解決實際問題，還是
要從通路成員身上入手。只有找到問題的根本原因，才能快
速、準確地解決問題。

　　讓我們舉個例子說明。某企業以生產密封黏合劑而聞
名，其產品在很多領域都能順利拓展市場。這家企業的銷售
通路，主要是透過各級分銷商，將產品批發給其他零售商和
客戶。但是，這家企業總是認為其經銷商對產品的銷售不夠
重視。因為他們發現，在企業的管理人員和經銷商一起拜訪
客戶的時候，其業務人員從來不會隨身攜帶產品的樣品。奇
怪的是，經銷商同樣認為企業對其銷售不夠關心與支持，因

為其產品的樣本根本不適合經銷商的業務人員攜帶使用。

　　這家企業針對經銷商的業務人員不願意攜帶產品樣本的原因進行充分調查。原來,企業所設計的產品樣本,其大小只適合放在公文包中攜帶,而經銷商的業務人員普遍不使用公文包。於是,企業重新設計了大小適宜的產品樣本,以便業務人員可以將產品樣本放在口袋裡隨身攜帶。就這樣,企業和經銷商之間的矛盾得到了解決,而產品的銷量也因為企業和經銷商的共同努力而隨之上漲。

2. 對行銷通路進行充分了解

　　就像定期對財務進行審計一樣,企業也應該定期對行銷通路進行審計,以便了解通路的執行情況。這樣做的目的是能夠使企業便捷地收集到準確的通路成員資訊,如通路成員的價格策略、產品的特性與範圍、對新產品的行銷能力、銷售服務流程以及業務人員的態度等等。

3. 利用通路外部機構,對通路成員進行研究

　　目前,很多企業為了獲得客觀的通路成員的需求資訊,全面了解通路成員所遇到的問題,往往依靠不屬於通路成員的外部機構對通路成員開展研究調查。這是一項非常有效的措施,在很多時候都能夠造成關鍵作用。對調查研究能力有限或是沒有專門的市場研究部門的中小型企業來說,在關鍵的時候依靠通路外部的研究機構能夠及時有效地獲得企業希

望得到，但從企業內部又無法得到的資訊，對企業發展非常有利。

4. 加強企業和經銷商之間的溝通

為了使企業與經銷商之間的交流溝通更加便捷、直接，更具有目的性，企業可以設立經銷商顧問委員會。委員會的主要成員應由企業最高管理層的代表，以及通路成員主要負責人代表共同組成。委員會的主要目的是加強企業與經銷商之間的討論交流，以便相互了解且確定對方的需求，為企業提供和通路成員相互了解、互相認可的機會。因此，經銷商顧問委員會能夠促進通路各流程之間的交流，緩解各流程之間的矛盾，幫助成員之間溝通了解，有利於企業更加深刻、全面地認識並理解通路成員的問題和需求。

需要注意的是，由於不同產品所帶來的利潤不同，往往在市場所面臨的競爭壓力也是不一樣的。因此，一般來講，企業最好不直接使用現金或產品對經銷商進行獎勵，以通路價格發生混亂，進而影響中間商的銷售積極性；而對零售商而言，獎金則是最具有吸引力和最能刺激行動力的獎勵手段。

● 通路鼓勵的具體措施

通路的中間商有很多，企業不可能做到全員鼓勵。因此，在通常情況下，企業鼓勵的對象，一般來說是總代理商

或總經銷商。而企業所採取的鼓勵方法往往離不開以下幾種方式：

1. 年度目標獎勵

在進行年度目標獎勵政策時，企業可以先為經銷商設立一些年度銷售目標，並標明達到相應目標之後所能獲得的獎勵。如果經銷商在本年度內按照目標完成了銷售任務，則要按照事先約定好的限額，給予經銷商物質或精神獎勵。比如，物質獎勵方面，可以有現金、折扣、為經銷商配置送貨車和電腦、提供培訓機會等；而在精神獎勵方面，則可以授予經銷商一定的通路地位，並賦予與地位相當的權力。這些措施不但能夠提高經銷商的銷售熱情，而且還是經銷商提高自身在市場中競爭力的有力支持。

2. 階段性促銷獎勵

當企業想要提高某一時間段內的產品銷量，或是想要在某一時間內達到特定目標時，就要實行階段性或是目標性的促銷獎勵政策。比如說，當產品銷售面臨淡季的時候，企業就可以以一定的優惠獎勵，來鼓勵經銷商進貨；而當產品銷售的旺季到來時，就取消這種獎勵措施，以便能夠獲得更充足的利潤。

（1）對經銷商與分銷商進行獎勵。

如果企業具有充足的實力，除了要對總經銷商或總代理

進行促銷獎勵之外，在必要的時候還應該對經銷商與分銷商實施獎勵政策，以達到穩定通路、加速產品流通和分銷的目的。

舉個例子來說。某企業在進行產品鋪貨的過程中，曾經針對二級分銷商實行了這樣的促銷獎勵：只要是在規定的時間內達到產品銷量目標，並且擁有五十家以上的固定零售商，分銷商就能夠得到企業所提供的豐厚獎勵。這一政策實行之後，企業的產品就以更快的速度到達了終端市場，獲得了相當高的市場占有率，同時也提高了企業產品的市場競爭力。

需要企業特別注意的是，為了使階段性促銷不至於導致市場發生混亂，避免分銷商為得到獎勵而大批次存貨，企業對獎勵的考核應該以實際銷貨量為依據。具體來說，就是企業應在活動開始前，對參與活動的分銷商的產品庫存進行清點，在此基礎上加上活動期間分銷商的進貨量，並在活動結束時，以分銷商的貨物總量減去活動結束時的剩餘庫存量，以此計算分銷商在活動期間的實際銷量，並作為考核依據。

（2）對銷售終端進行鼓勵。

在整個產品銷售通路中，與消費者最接近的就是產品銷售終端。因此，提升銷售終端的積極性對市場銷售起著決定性作用。為了鼓勵終端，企業需要採取一定的措施來促進終

端銷售的積極性。比如，企業可以提供一定額度的產品進場費、貨架費、海報張貼費、人員促銷費、店慶贊助以及現金回饋等等。為了使重要業務人員能夠積極主動地進行產品的推銷宣傳，企業還應該對這些業務員進行現金獎勵。這樣做，在相當程度上可以提高企業產品的銷售量，達到盈利的目的。但是，需要注意的是，這種鼓勵方式存在很大的弊端。一旦停止促銷，產品的銷售量就會大幅度下降。因此，在進行促銷時對所分配的產品進行數量限定也不失為一個好的方法。這樣做，會使終端及消費者產生「限量銷售」的感覺，有利於企業產品品牌的推廣，增加品牌的知名度。

（3）適度進行廣告宣傳，有利於樹立產品品牌形象。

在產品流通的過程中，最終的目的就是最終消費者。如何提高產品對消費者的吸引力則成為了企業的一大難題。因此，企業可以加大產品的廣告宣傳力度，提高消費者對產品的關注度；此外，再配合以通路成員的鼓勵措施，就能夠達到推動市場的目的。並且，一些經銷商也會根據企業產品的廣告投放量來判斷產品的市場潛力，並以此為依據，決定是否經銷企業的產品。

3. 為經銷商解除後顧之憂

實際上，企業不僅僅是透過經銷商出售產品，而且也是在將產品出售給經銷商。因此，適當對經銷商實行鼓勵政

策，有助於提高經銷商的通路體系運轉效率，使產品獲得更大的市場占有率。

（1）製造商對經銷商提供資金資助。

經銷商，特別是一二級經銷商，常常希望企業能夠提供給他們一定的資金支援，減輕其大批次進貨的壓力。因此，企業可以對誠信度足夠的經銷商實行先提貨後付款，或先付部分貨款的舉措，在經銷商將產品售出後再收回貨款，以便解決經銷商資金流轉不佳的困難。

（2）製造商為經銷商提供全面的市場資訊。

開展市場行銷活動時，市場資訊無疑是最重要的活動依據。企業在進行市場調查後，要及時將準確的市場資訊傳達給經銷商，使經銷商具備銷售信心。因此，企業必須定期召開經銷商座談會，與經銷商共同研究市場動向，探討下一步行動計畫，制定行動策略。此外，企業還可以將自身的產品生產狀況及生產計畫透露給經銷商，與經銷商合理安排產品銷售。

（3）企業要協助經銷商做好經營管理。

企業可以根據情況適度地給予經銷商幫助，有助於經銷商提高行銷效果。適當參與經銷商的內部管理，有利於提高經銷商與企業的配合度，貫徹企業的行銷理念，有利於企業和經銷商達到雙贏的目標。

（4）企業要與經銷商建立長期和合作夥伴關係。

在企業選擇經銷商的同時，經銷商也在對企業進行選擇。實力強大、貨源穩定、待遇豐厚的企業，無疑是經銷商夢寐以求的合作對象。為了使經銷商消除與企業的銷售顧慮，企業應該和經銷商建立起長期、穩定、誠信、雙贏的合作夥伴關係。這樣做的好處在於，不僅能夠使經銷商安心進行銷售，還能夠加強企業與經銷商之間的連繫，使經銷商能夠更加釐清企業核心文化價值，將企業的發展策略貫徹落實到產品的銷售中去，為自身和企業帶來共同的利益。

經銷商最終的目的還是獲取利潤。因此，企業無論實行怎樣的管理與鼓勵措施，都要建立在能夠使經銷商獲利的基礎上才能奏效。市場情況變化莫測，企業只有充分理解操作對象和客觀環境，才能掌握市場操作的節奏和時機，把握好管理和鼓勵的「度」，最終獲得成功。

優質業務培訓也是鼓勵

　　企業培訓是一種企業用來培養和訓練企業員工，使員工的技術水準提高，並且能夠強化其對企業忠誠度的學習活動。學習是一種刺激與反應之間的聯合，是個人與環境所形成的一種場地力量，在支配著學習這種行為。而動機的變化，則能夠展現出員工對學習滿意的程度。

　　員工的學習行為是可以透過對學習後果的控制和操作，加以影響和改變的，而這種控制和操作的方式就叫作培訓鼓勵。

● 培訓鼓勵的基本方式

　　一種好的鼓勵方式，往往會產生十分良好的鼓勵效果。企業要根據培訓的環境和對象選擇正確的鼓勵方式。在選擇的過程中，企業必須把握好一個重要的問題，那就是如何掌握培訓與鼓勵的平衡點。在現代企業環境中，我們將培訓鼓勵方式大致分為以下幾種：

1. 目標鼓勵培訓法

所謂目標鼓勵，就是指一種將一定的目標作為誘因，來刺激人們的需要，從而刺激人們實現目標的欲望的鼓勵方式。在進行目標鼓勵培訓法時，企業可以為員工設定一些職業發展目標。這些目標分為不同等級，從低階到高級，逐級而上。制定職業發展目標時，企業必須詳細地將每一個職位目標所需要的學歷水準、專業技能知識、職業技能等級、所需要的工作經驗以及職位待遇情況清楚明確地展現出來。而且，企業還應該針對不同類型的員工，制定與其等級相應的培訓發展計畫，讓每一位員工都能清楚了解，想要達到職業發展某一個階段性目標的話，他還需要接受哪些培訓和教育，接受哪些技能考核。當員工清楚地知道自己的方向，並且了解到自己在完成目標之後，會得到多少收穫和回報的時候，就會化被動為主動，自動自覺地進行學習活動，不斷提高自己的能力水準，為達到想要的目標而不斷努力。

2. 經濟鼓勵培訓法

薪酬及物質獎勵對企業員工來說，無疑是非常重要的。它不僅僅是員工的一種謀生手段，從根本上滿足員工對物質的需求，而且使員工的自身價值感得到極大的滿足。在相當程度上，這種滿足感都會影響著一個人的情緒、積極性和自身能力的發揮。因此我們認為，物質方面的獎勵，對於鼓

勵員工，提高企業競爭力等方面，有著不容小覷的作用。在自由市場經濟條件下，經濟鼓勵毫無疑問是企業熱衷的員工鼓勵方式之一。據調查顯示，大多數的企業員工，在精神鼓勵和物質鼓勵間進行選擇時，更願意選擇能帶來實惠的物質鼓勵，也就是經濟鼓勵。這是因為企業的基層員工的收入較低，總體經濟實力較為薄弱，生活尚且不富裕，其工作的主要動力和重心需要還是增加收入。需要是人類行為的根本動力，與人類的行為活動緊密相關。越是強烈、迫切的需要，由它所引發的行為就越是迅速、穩定、有力。因此，企業將職位技能薪資、等級提升薪資、獎學金以及培訓補貼等經濟鼓勵方式用於企業培訓，所帶來的效果是穩定且十分強大的。

3. 發展鼓勵培訓法

隨著科技的不斷發展進步，企業中的知識型員工也在日益增加。企業新一代員工，較之企業老員工來講，更加注重個性的自由發揮，希望能在職位上實現自己的人生價值。因此，只憑藉單純的經濟鼓勵方式，並不一定能夠在他們身上取得良好的鼓勵效果。這些知識型員工所看重的更多是企業能否為自己提供發展的機會。發展需要培訓，企業就可以透過開展各式各樣的技能或知識方面的培訓，以促進員工自身的發展，從而帶動企業的進步。在這裡，企業培訓與發展

的互動作用，就是一種有效的鼓勵方式。提升等級，提升職位，使員工參與到主題性的研究中，讓員工或員工群體單獨負責某個科學研究專案的運作，採用輪調交流的模式，或是對員工實行階梯式培訓，這些培訓形式都能使員工感受到工作的挑戰性，使員工得到極大的發展空間。用這種方式刺激員工對企業培訓的積極性，將會造成意想不到的良好效果。

4. 負面強化培訓法

　　現在的社會環境，勞動力市場供大於求，因而勞動力素養受到越來越多用人單位的普遍重視。在這種環境下，企業選擇員工的主要形式也隨之轉變。考試徵才、競聘徵才已經成為企業應徵員工的主要形式。正因為如此，負面強化的鼓勵方法就特別具有效力。具體來說，對於由於自身原因而沒有按照企業規定完成培訓任務的，或是培訓效果不達標的、綜合素養與職位資格不相符的員工，企業就要適當採取減薪、降級、降職、轉職、停職乃至資遣等種種負面強化措施促使員工提高對培訓的重視度，努力完成培訓。適度的負面強化手段，不但能夠使行為主體，即犯錯誤的員工得以吸取教訓，改正自己的錯誤，並且，負面強化所產生的強烈的警醒作用，也與獎勵一樣，能夠成為企業培訓的強而有力的動力。

● 使經銷商願意接受培訓的幾點建議

企業在對員工或經銷商進行業務培訓時是具有一定難度的。因為有許多人員並不認為值得為業務培訓付出時間與精力。因此，企業首先要做的就是說服員工或經銷商，使他們認同培訓的價值所在。然而，要做到這點不是一件容易的事。因此，企業必須曉之以情，動之以理，從利益的得失開始，一步步說服員工或經銷商。

無論是哪種經銷商，其最終目的，無一例外都是為了獲取更多的利益。企業可以將培訓的益處告知經銷商，使他們明白培訓所能為他們帶來的更大的利潤，這樣就更容易讓經銷商認同培訓、參與培訓。因此，企業必須使經銷商清楚地知道，透過培訓，不但能實際改善業務成果，提高員工銷售技巧，還能夠完善他們的工作方式，使得日常工作更加輕鬆、有趣。下面幾點建議，能夠幫助企業更好地使經銷商接受業務培訓：

在進行培訓勸說時，企業要將培訓目標與經銷商的事業目標相結合，而不能僅僅將培訓內容的介紹局限在企業產品的功能、技巧以及所獲收益上。

在進行培訓勸說時，企業要將培訓內容與實際銷售情況中所遇到的困難相結合。如遇到竄貨情況時應如何應對、獨特的銷售技巧或者如何顯示產品的差異化方法等等。

在進行培訓計畫時，企業要制定一個長期的培訓計畫，

一般以一年為一期。在進行培訓勸說時，不要單獨講述某個培訓計畫，而是告訴經銷商企業整體的培訓目標和希望達到的效果。並且，還要根據經銷商的時間要求，將培訓分割成短小且頻繁的形式，切忌時間長、間隔長的培訓方式。

在進行培訓時，企業應當及時加入鼓勵措施。這樣做的效果會使經銷商能夠追蹤到培訓結果，並根據培訓效果得到相應的獎勵。

在進行培訓勸說時，企業如果能夠拿出成功的案例作為輔證則更有說服力。實際具有效的培訓課程才是經銷商真正需要的。每種培訓課程，在推出的第一年裡並不會有全部的人來參加，因為通常情況下，一種培訓課程要經過數年時間的傳播與發展，才會普遍被經銷商所接受、所歡迎。因此，想要樹立培訓計畫的聲譽，最好的辦法，就是以參加過此項培訓，並因此獲得成功的學員作為培訓真實有效的見證。

在進行培訓時，企業必須具備優秀的培訓講師。企業應當邀請在培訓課程方面擁有良好口碑的業務講師，對培訓課程加以講解。只有好的業務講師，才能使經銷商更容易接受培訓課程，從而學到實用的業務知識。

對經銷商來說，究竟什麼樣的培訓才是最有價值且效果最好的呢？那就是時間短、資訊量大以及間隔時間短的培訓。通常時間，接受培訓的業務人員都有很多的工作要做，沒有太多的時間用來接受培訓。因此，在培訓時，每次只探

討或講授一兩個主題即可。

　　此外，適度簡化培訓內容、充分集中議題，也是非常有必要的一件事。過於冗長和偏離題目的培訓內容，不但無法清楚地傳達培訓的中心思想，還會引起參與者的反感。

　　在對經銷商培訓進行階段獎勵時，可以參照培訓後的業務績效，並以此作為獎勵的標準。舉例來說，假設在參加培訓後的第一季度內，經銷商的業績有 10% 的成長，那麼經銷商將得到企業提供的 10% 的培訓費作為獎勵。這種依據培訓後的業績成長來制定的培訓的獎勵方式，既保證了培訓的效果真實可靠並且可衡量，同時又能夠有效地鼓勵經銷商，並且，企業還能夠獲得業績上的實質回饋，可謂一舉多得。

　　需要注意的是，企業在培訓計畫進行到最後一步的時候，需要請參與培訓的經銷商複述企業所講授的產品賣點或是技能應用，並將經銷商所表達的資訊與企業的原始資訊相對照。如果兩者有很大差異，就說明企業的培訓並沒有清楚地將資訊傳達到市場中，企業就必須及時改變培訓策略，以便更好地開展並推進培訓計畫。

　　如果企業能夠使培訓更具有趣味性，那麼業務人員會更願意參與到培訓之中。企業在制定培訓計畫時，可以結合技能的練習、團體活動、茶會等形式，為參加培訓的學員建立起一個令人感到愉快的學習環境，使得他們的學習效果更加出色。

提高經銷商銷售士氣

● 做好對經銷商的技術支援

如果經銷商在產品銷售和服務提供的過程中，對於客戶所提出的技術性問題，無法做出相應解答的話，就會使客戶對產品的整體評價下降，使得企業的產品銷路不暢。因此，對經銷商做好技術支援，則成為家每家企業刻不容緩的義務。

1. 建立起經銷商與技術部門快捷的連繫方式

企業要為經銷商提供全面、準確的產品知識和資訊服務，以便與經銷商提升產品的銷售能力。在整個銷售過程中，不論是售前還是售後，企業都不能忽視對經銷商的技術支援。企業可以利用電話專線、網際網路線上技術支援或派專人輔導的形式，為經銷商提供全方位的技術或產品相關資訊的專業性支援，使經銷商隨時隨地都能夠與企業的技術部門取得連繫，獲得企業技術人員的專業支援。

2. 企業要對通路成員進行業務培訓

如果具備合適的條件，企業應該對通路成員進行專門的業務培訓，並且依此建立起通路培訓認證平臺。企業培訓的內容，應當囊括產品特性培訓、產品銷售培訓、通路管理培訓以及專業技能培訓等。同時，企業可以設定獎勵措施，用來鼓勵學員，使其提高參加培訓的積極性。並且，企業還應對進行授課的講師給予獎勵或鼓勵，使講師可以更加認真、全面、系統地將相關的產品知識傳授給學員。此外，企業建立其完整的培訓和認證體系，會在學員中普及全面的產品技術知識，為企業乃至整個行業培養出一支優秀的專業儲備人才團隊，使整個產業發展得到延續。

3. 企業要對經銷商進行線上進行技術支援

當今社會，網路技術已經十分發達了。企業可以充分利用便捷的數位通行證件，利用線上技術，對企業合作夥伴進行技術支援。如建立專門的技術論壇，每天派遣專門的技術專家和工程師參與網路上的產品資訊討論，並對經銷商所反映的問題進行現場診斷並詳細解答。在行動網路時代，企業的業務專家能夠輕鬆地加入到問題的討論中來，與其他技術顧問以及前來諮詢的合作夥伴一同探討產品和技術，為經銷商提供更加全面的售前和售後服務。

4. 企業要幫助通路合作夥伴建立售後服務團隊

企業在利用通路管理機構為經銷商的市場拓展提供全面支持時，除了要提供技術支援、電話支援、線上技術支援以及培訓認證服務之外，還需要建立通路技術平臺，幫助企業的合作夥伴建立售後服務團隊。透過此平臺，對通路夥伴進行技術支援、售後服務以及產品維護等，同樣是對通路成員的重要支援。

除了技術上的支援外，企業還可以定期召開經銷商大會。在會議中，經銷商要將自己對企業的建議和意見提出來，以便企業做出有針對性的調整和改正。

● 健全經銷商溝通體制

企業通路的設計者，為了使企業盡快建立起良好的行銷通路體系，可將企業的策略發展與公司資源相匹配，為實現企業的策略目標，提供新的價值觀和方法論，從而促成企業文化形成良性的發展，大大提高經銷商的士氣。因此，企業應當如何建立持久的競爭優勢，從而為企業的可持續發展提供動力，就成為了一件非常重要的事情。

一般情況下，要提高經銷商的士氣，企業首先就要與經銷商建立健全的溝通體制。建立健全的經銷商溝通體制，加強企業與經銷商之間的相互連繫，可以透過以下幾種方式進行：

▸ 企業要定期派遣銷售代表拜訪經銷商，與經銷商之間建立起良好的客戶關係。

▸ 將公司內部刊物印發至經銷商。刊物的主要內容應為企業所徵集的客戶意見和建議，公司的政策制度，行業最新動態及研究成果，近期的流行趨勢和新上市產品資訊，以及對企業文化的大力宣傳。

▸ 定期召開座談會，與經銷商直接進行面對面的溝通交流。在會上徵集客戶的意見和建議，與經銷商探討公司的發展思路與具體措施，對下一階段工作進行全方位的安排交代。

▸ 企業的主管要不定期親自對重要客戶進行拜訪，收集經銷商的意見，了解經銷商與企業的合作情況，消除企業與經銷商之間的矛盾隔閡，及時發現客戶管理存在的問題，並加以妥善的解決措施。

此外，企業還應該制定多種形式的鼓勵政策，以便提高經銷商的經營積極性和忠誠度。比如，企業可以採用階梯折扣、促銷折扣、季度或年終現金回饋等鼓勵形式，以刺激經銷商的銷售熱情，促進經銷商與企業的配合，提升經銷商的銷售業績。除此之外，還能夠達到鼓勵經銷商合約年度內持續經營以及獎勵經銷商及時且準確回饋資訊等作用。

在完成以上幾點之後，企業還可以聘請優秀經銷商擔任

企業的榮譽顧問，並邀請其參與公司的某些行銷決策；還可以定期組織優秀經銷商進行菁英化培訓，為優秀的經銷商提供學習深造的機會；每到季度末或年末時，還可以對經銷商的合約執行情況進行綜合測評，並按照類目的不同選出冠軍，對其進行物質和精神的雙重獎勵。

在銷售通路中，經銷商無疑是非常關鍵的重要因素。能否提高經銷商的士氣對企業能否在市場競爭中獲得勝利有著十分重要的意義。因此，企業要想決勝市場，就必須提升經銷商的士氣。只有經銷商與企業高度配合，緊密連繫，才能使產品在市場上占有一席之地。如果經銷商缺乏銷售積極性，企業絕對不能將責任完全歸為經銷商自身對企業的不認同感，而是要從自身上尋找原因，想方設法改變這種現狀以提升經銷商的士氣。因此，企業必須對經銷商施以適當的鼓勵手段，以便促進其市場銷售。

● 鼓舞經銷商的積極性

經銷商的積極性通常會直接影響產品的銷售情況，因此，鼓舞經銷商的積極性成為了每家企業刻不容緩的工作。但是，企業究竟要怎樣做才能充分鼓舞經銷商的積極性呢？鼓舞經銷商的積極性，就要制定經銷商政策，並使經銷商政策保持連續性和規範性。

1. 制定經銷商政策

企業在制定經銷商政策時，必須要充分利用所蒐集到其他行業競爭者的資訊，並加以分析比較，再與自身產品所具有的市場優勢相結合，並且不能忽視經銷商的利益所在，在對經銷商所實行的獎勵政策後，才能夠制定出獨具特色的經銷政策。企業在制定經銷商的政策時，必須充分考慮以下幾點原則：

（1）企業必須考慮到經銷商的中、短期利益。

僅僅考慮長期利益，無法滿足經銷商的利益需求。考慮到經銷商的中、短期利益，既可以符合經銷商追求利潤的心理特徵，又能夠為經銷商帶來強烈的銷售信心。

（2）企業必須對經銷商的成長與進步做出必要的獎勵。

企業不但要對經銷商施以物質方面的獎勵，還應該滿足經銷商對榮譽和尊嚴的需求，給予經銷商以精神鼓勵。一方面，精神獎勵能夠提高經銷商的銷售積極性；另一方面，也可以使經銷商對公司的發展以及品牌、產品的潛力持有強烈的信心。

（3）企業必須制定完善的經銷商教育培訓計畫。

企業在不斷發展進步的同時，也要為經銷商提供深造的機會，使經銷商在學習的過程中，潛移默化地接受企業的核心文化價值，二者共同發展共同進步，為形成長期策略夥伴關係打下堅實的基礎。

（4）企業必須加大對經銷商的支援力度。

不單在技術服務方面，企業還要在廣告宣傳、人際公關以及市場促銷等方面，對經銷商制定全盤的支援計畫，並在人員配備、市場督導上給予經銷商更多的支援，堅實企業和經銷商之間的友情基礎。

（5）企業必須站在策略夥伴關係的高度，充分鼓舞經銷商的積極性。

這樣做可使雙方在合作發展的過程中，不斷提高配合度，並從中選取可以建立長期合作關係的可靠的商業夥伴，進而充分發揮出經銷商的市場通路優勢，為企業樹立品牌形象而提供方便，促進企業的發展壯大。

除此之外，企業還必須在實踐中不斷依照市場狀況，對政策進行修正和完善，逐步建立健全科學的經銷商政策，從而促進企業與經銷商之間進行長期而穩定的雙贏合作關係。

2. 使經銷商政策保持連續性和規範性

對於如何使經銷商政策保持連續性和規範性，我們有以下幾點建議：

▸ 企業在往年的基礎之上，保持經銷商政策的相對穩定，並要具備縱向連續性和穩定性，同時對重大調整須謹慎對待。

▸ 在同行業之間橫向比較，經銷商政策要有差異，具備自身特色且有新意，並且能夠掌握各區域市場之間不同的差異性。

▸ 經銷商政策要能夠全面銜接業務活動中的各個流程，不能有絲毫遺漏。要建立多種備案制度。一旦某一關鍵脫落，將會導致整個政策系統紊亂。

▸ 經銷商政策要能夠引導市場發力的方向。比如，假設企業需要加快現金流動，則可以加大對現款進貨的經銷商的獎勵，同時以獎勵制度來鼓勵經銷商使用現金支付貨款。

▸ 經銷商鼓勵政策既要能夠啟用市場，提高經銷商的積極性，又要達到規範市場，保護市場的作用。要與經銷商的管理制度相結合，並嚴格執行各項制度。

3. 企業調動經銷商積極性需要做到的幾點要求

企業要想調動經銷商的積極性，大體上有以下幾點措施：

▸ 使銷售政策、鼓勵政策以及經銷商的通路保護政策更加完善。

▸ 加快新產品的開發，以滿足經銷商對於產品的差異化、利潤化的需求。

▸ 對經銷商進行技術服務支援，為經銷商帶來更多盈利。

▸ 進行區域銷售管理。在市場容量相對穩定，並能夠保證經銷商獲得絕對利潤的前提下劃定責任區域市場。

▸ 建立經銷商評估、管理體系，對於不同的等級，要有不同的政策與之相匹配。

▸ 企業要做好品牌建構的支援。加大樹立品牌形象的力度，同時達到帶動市場銷量上升的目的，進而以品牌優勢來打動經銷商，強化經銷商的信心和忠誠度。

▸ 建立完善的價格體系和價格政策。

▸ 定期或不定期對業務人員進行產品知識及技能的培訓。

▸ 經常舉辦促銷活動，有助於企業品牌得到經銷商的關注。

▸ 對於終端工作人員實行鼓勵政策，以促進企業產品的銷售。

　　企業與經銷商的關係是相互依存、共同發展、共同強盛的。因此，企業在對經銷商提出要求的同時，必須滿足經銷商的需要。這是由於企業所制定的經銷政策只有得到經銷商的貫徹落實才能夠實現。

案例解析：善於「畫餅」的企業

　　一家企業，能給下屬與員工多大的空間？需要管理人自身就非常清醒和明白，否則就會盲目承諾。而盲目承諾的後果，就是毀了自己的信譽，並且也會使下屬喪失了對企業報以的殷切期望。在以後的日子裡，企業與員工之間可能就會產生一層隔閡，如果不能肝膽相照，必然會給工作帶來負面影響。企業管理人在給與期望的時候，也需要把握一定的尺度，比如很有把握地給員工調薪，如果年度增加 4,000 元，那麼一般來說，只能說出這個數目的 80%，頂多給到 85% 的期望值，然後再意外地多給員工餘下的那部分，同時告訴員工說，這是因為他在哪個方面的表現突出，是特別獎勵，就是告訴下屬，只要做出了成績，那麼企業是不會視而不見的，做得好當然還會有意外的收穫，這是每個員工付出努力應該得到的。當然，這種方法很多人都是知道的，只是到了該用的時候，常常卻忘記付諸實踐。如果事情反過來，老闆承諾了調薪 4,000 元，結果最後只是給員工發了 100 元，那麼老闆再說什麼，員工與下屬的心情都不會舒服的，甚至還

會產生懷疑，這種情況下的鼓勵就會大打折扣。

　　企業為了創造利潤，有時候難免會給員工「畫餅」。這種行為對員工來說，在一定程度上具有較強的鼓勵作用。但是這個「餅」卻是不能隨便畫的，更不能畫得無限大。因為如果畫得不像，或者多畫了幾筆或者畫得過於走樣了，反而還會造成相反的作用。要想成功地從「畫餅」的行為中達到目的是需要有一定技術的，同時也需要一定的藝術性。望梅當然能夠止渴，但是這個方法使用的次數卻是非常有限的，如果總把前途描繪得太光輝太燦爛，不但沒有好的促進作用，反而會失信於人。

　　H 電腦公司在通路鼓勵方面，就曾經採取一種新方法，實踐證明是相當有效的。就是說，在研究和討論下一年、下一個季度，或者是下一個月的通路任務目標的時候，總是循序漸進地給經銷商多壓一點貨，只比上次多一點。比如上次如果壓了 5 臺電腦，那麼在下一個月再碰面的時候，就說這個月 7 臺應該是沒問題的吧？經銷商就會想，只比上次多了 2 臺，確實差不多，那好吧。就這樣，與前期相比成長實現了，而且大家都挺高興。而這就好比在 2010 年，很多家筆電廠商都說，今年的任務目標是實現 100% 年增率成長，把任務訂得高一些，不管最後能不能實現，至少會讓大家產生一定的緊迫感，於是都玩命去幹。等完成了，再給員工發高額

獎金，各個通路也按比例給高額達標的獎勵，的確這種傳統的鼓勵方式是很有作用的。

當然了，「畫餅」是一定要看對象的，對象不同，採用的策略也必須有所不同。採取的鼓勵方式也是多種多樣的，如面對 1970 年代的人，如果讓他意想「餅」，1970 年代的人就會朝著怎麼得到餅的方向去努力，可是對於 1980 年代或者年齡更大的人，對於這些人如果再「畫餅」，吸引力就不會很大。1980 年代或者年齡更大的人，是需要先嘗一嘗餅是什麼味道，是不是他想吃的那種，等他有了感覺，他才算是找到了努力的方向。就像一位心理培訓老師所講的，給 1970 年代的人講，你要如何努力工作，你才會得到跟某人有一樣開賓士的機會，他們大多會朝這個方向努力。而給 1980 年代以後的人這麼講，他們會更需要先上車體驗一下駕馭賓士的感覺如何，這樣的感覺爽，他們大多才會這樣做。如何對待不同的對象「畫餅」也是一個管理挑戰。

善於為經銷商「畫餅」的公司，在通路行銷中採用更多的鼓勵辦法。首先把每個當地市場占有率中，占位第一的廠商拿過來與自己進行比較，想一想自己應該達到什麼樣的目標？其次把當地的市場容量認真地核算一下，如按照人口數量和狀況，推算這個市場所擁有的未來潛力會有多大？現在已經做到了多少？這樣一算，通路的努力空間也就算出來

了。接下來就是如何占領市場，銷售空間可不是競爭對手主動讓出來的，而是需要企業自己透過各方面的努力，上下整體配合才能做到的。

在通路鼓勵中，就是這樣在為經銷商恰到好處地「畫餅」，所以各地的通路一聽說還有這樣的一個思路，覺得眼前一亮，以前還真就沒這樣想過，一下子就覺得自己有了希望，積極性就被鼓舞起來了。實踐證明，這真是一個屢試不爽的好點子，甚至鼓勵各地的通路開拓了更多的下一級通路。

當然，在不同發展時期的鼓勵方式也是不一樣的，特別是在發展中的各個區域與各個階段，實際上都有機會，如果不看得更長遠一些，就抓不住機會去拚一把。

第六章

通路創新，讓通路始終保有活力

通路創新說穿了就是資源整合的創新，你手裡有了別人想要的資源，你就可以調動、利用別人的資源，這樣就可以實施水平策略，進行資源整合，從而實現通路創新的可能。

創新：提升通路競爭力的最佳手段

● 通路創新的重要性

　　現代社會是不斷發展的社會。有競爭才有發展，有創新才有進步。隨著自由市場經濟的發展，企業為了適應愈加激烈的競爭，也在不斷進行著產品和行銷模式的持續創新。作為連通企業與購買者之間的橋梁，行銷通路之於企業是如同樹木之於枝葉的關係。由於行銷通路的重要性顯而易見，很多企業就將開拓行銷通路與建構市場終端當作市場競爭的重點。市場內許多大品牌的強勢崛起，正是依靠了通路致勝，成為了商戰中的主導者。由於市場環境複雜多變，傳統行銷通路存在諸多弊端，促使了企業認清了僅依靠傳統行銷通路是不能夠在現代社會市場中占據絕對優勢的。因此，企業在重新認識和思考了行銷通路後，便開始了行銷通路不斷的創新。

　　消費者對企業產品的需求是產品得到銷售的先決條件，也是企業獲得成功的基礎。而企業通路的高效性，則是產品

流入市場、流向最終消費者的過程中必不可少的重要條件。企業在區域市場中的競爭力，與企業通路的合理性和有效性緊密相關。因此，企業為了提升自身的競爭力，就必須勇於突破傳統通路的束縛，彌補傳統通路的缺陷和不足，勇於進行通路創新。與消費者接觸面廣、能夠吸引消費者注意力的通路，能夠有效地提升企業產品的銷量，增加企業銷售額，同時樹立自身的品牌形象，傳遞品牌價值。日益發達的自由市場經濟和不斷競爭的變化的行銷環境，決定了企業走向成功的重要條件之一，就是通路的創新。

● 通路創新的內容

傳統的行銷理念，其圍繞的中心始終是產品的銷售，而不是分銷通路。越來越多的企業發現，現在的市場上，產品性能、外形、價格甚至宣傳模式趨於雷同，產品自身優勢不再鮮明，單憑優勢在競爭中獲得勝利變得難上加難。正如整合行銷傳播之父唐·舒爾茨（Don E. Schultz）教授所認為那樣，只有利用銷售通路和產品推廣的創新所產生的差異化，才能在產品同質化的背景下擁有競爭優勢。在這種形式下，銷售通路便成為企業的工作重心，並擔起了致勝的重任。時至今日，分銷通路的管理與創新，已經逐漸成為了企業成功的重要條件之一。

　　進行通路創新，我們就要釐清：通路創新的目的是為了適應變化多端的行銷市場，就要以銷售終端為服務核心；通路的創新必須是可實際操作的，能夠讓企業與經銷商相互交流溝通，並獲得實際利益的；此外，還要有相應的行銷團隊管理機制來配合並保證這種新的通路能夠持久且有效地發揮其作用。

　　企業通路的創新，可以大致分為以下幾個方面：

1. 企業通路在功能結構上的創新

　　企業通路的創新，要從單方面的功能管理向過程系統管理轉變。傳統的通路管理功能，如調查研究、匹配、庫存以及物流等，都是進行獨自管理的單一功能，相互之間各自為政、連繫分散。在這種形式下，各個通路流程分別實現自身的行銷職能，從而使整個通路行銷能夠順利進行。這種模式的缺點在於，容易造成行銷管理上的分散，通路資源得不到較好地整合利用，無法實現利益的最佳化。因而，要使行銷通路創新，就應該在系統化的過程中進行整合管理，對商品或服務通道，在從生產者向消費者轉移的整個過程中進行資訊化管理，從而在實施過程中構造一個暢通的流程，實現精細化管理，最終使整個通路系統實現最佳化。

2. 企業通路的成員關係創新

　　企業通路的創新，要從交易型管理向關係型管理轉變。傳統的行銷通路關係，就是一種成員之間單純的利益聯合，

往往只注重短期內的得失，而很少考慮長遠利害。在這種情況下，各個通路成員往往會以自身利益為重，很少顧及他人損失，極易做出危害他人的行為。這種模式的缺點在於，成員之間容易形成惡意競爭，嚴重破壞通路的穩定性，導致通路運轉不靈，不能有效地實現通路功能。因此，要實現系統整體利益的最大化，就要採用關係型管理的方式，以策略聯盟的形式緊密聯合企業和通路成員，使其優勢互補，共同承擔風險，加強雙方的交流和溝通，共同合作，互惠互利，從而實現系統整體利益的最大化。

企業通路的行銷模式創新。什麼是行銷通路模式？所謂行銷通路模式，就是商品或服務從生產者向終端消費者流動時，其途徑建構的方式。隨著科學技術和經濟條件的不斷發展，越來越多的技術在生活中得到了應用。新的市場環境，就要有新的通路模式與之匹配，才能適應經濟發展的需求。通路模式創新的宗旨，就是為了使消費者更加迅速地得到產品或服務，因此而建構新的產品銷售模式，以便可以將不適應產品銷售的流程減削，減少通路的不足和缺陷。

通路創新要有魄力

當今社會，市場通路的定位還是以補貼政策為主。企業必須將其轉變為完全市場行銷形式，才能夠解決通路目前面臨的種種問題：通路資源整合能力弱、市場資訊回饋慢、市場控制能力差、整體競爭能力不強等等。解決這些問題的關鍵就就在於，建構一條一流的行銷通路。

● 實現行銷模式的創新

實現行銷模式的創新，首先要大膽創新通路體制，實現通路的扁平化。傳統銷售通路的模式是類似於三角形的金字塔式，利用這種形式強大的輻射能力，在占領市場的過程中發揮了巨大的作用。但這種形式中間流程多，通路成本高，企業和消費者之間的距離遠，不利於市場資訊的回饋等。針對這些狀況，企業可以採用網路、電視等媒體行銷方式，或增設直營店、加盟店等。

其次，要進行通路關係的創新。在傳統的通路關係中，企業與經銷商之間為交易型通路關係，通路成員之間連繫分

散，各自為政。創新通路關係，就要將交易型通路關係向廠商合作的夥伴型關係轉變。在以夥伴型關係為主的銷售通路中，企業與經銷商聯合起來，實現一體化經營。在這種關係中，企業對經銷商擁有一定的控制力，分散的通路成員被企業的大手連繫在一起，形成了資源整合的有機體系，在這個體系中，通路成員有著共同的奮鬥目標，企業與經銷商之間達到了利益的雙贏。在這種緊密的夥伴關係中，企業和經銷商能夠將提高通路的執行效率、降低費用和如何更好地占領並控制市場當作共同目標。對於企業來說，與通路成員建立長期的合作關係是很有必要的。只有長期穩定的合作，企業才能和通路成員建立起信任、互助的良好關係。在遇到問題時，通路成員共同擔負起責任，妥善迅速地解決通路糾紛。在平時，企業要有專門的技術人員負責解決經銷商遇到的種種問題，為經銷商提供高品質的貼心服務。企業還應為經銷商提供多種多樣的支援，如技術人員的派駐、貨物的發配、產品政策的優惠等，以保證經銷商能夠在企業的帶領下共同發展、進步，不斷成長壯大。

再次，實現行銷模式的創新，還要展現在通路運作上。傳統通路大多採用經銷商分級代理的模式，以便占領市場。當市場相對飽和時，企業就要由「廣」及「精」，轉向以注重終端市場的建構為中心。市場重心由一二級市場向三四線

市場下沉。在傳統通路，企業多數是以經濟發達的大城市作為市場開發的著重目標，往往會將銷售終端設定在各個直轄城市。而在現今階段，大城市的市場早已經被諸多霸主企業所占領，並且陷入了硝煙四起的市場爭奪之中。因此，企業將銷售重心轉移到下一個階級的市場，無疑是非常適宜的選擇。這種選擇能夠將產品涵蓋至鄉村市場，既避免了被大企業之間的爭鬥牽扯進去，又能夠開發新市場。要知道，雖然還不能與大城市相比，但現在的鄉村中消費者的經濟水準快速提升，同樣具有非凡的購買能力。其實，市場重心下沉，是對區域市場進行細化的過程。自然，在選擇經銷商和客戶時，就要符合市場重心。在傳統通路中，企業往往將總經銷商設立在縣市市場內，甚至並不涵蓋整個市場，只在其內部一定區域內進行銷售。而通路下沉，則要求企業將總經銷商設定在縣市內，其餘經銷商則層級下沉至鄉村市場。

　　進行通路創新，在通路鼓勵方面也要有所作為。在傳統通路內，企業對經銷商的鼓勵措施，無外乎是折扣、獎金等由企業進行的讓利行為；而創新通路，則使經銷商由從企業處獲利，轉變為從市場獲利。企業可以將銷售培訓、產品技能培訓等教育培訓作為對經銷商的獎勵，讓經銷商掌握賺錢的方法。這樣做，不但省去了企業應付出的一部分金錢，還會令經銷商在今後的銷售中獲得更多利潤，為企業帶來更多

效益，與企業達到了雙贏的效果。現有的市場形勢中，經銷商存在市場開發能力不足、產品銷售能力不足、通路管理能力不足和發展進步勢頭不足四個弱勢。因此，企業在通路鼓勵方面進行創新，將非常有利於經銷商和企業的共同發展壯大。

最後，進行通路創新，在通路管理方面更要多加注意。傳統通路中往往只重視最後的結果，而忽視了銷售的過程，因此，通路成員之間總會發生大大小小的競爭，矛盾不斷、秩序混亂，進而導致了通路運轉不靈。進行通路創新，在管理方面就必須跟得上變化：必須由以往的重視結果向重視過程轉變。通路管理的核心工作，就是要加強對通路和通路成員的過程管理。要保證通路成員團結合作，目標一致；保證通路秩序井然，運轉高效。

● 釐清通路建構方向

企業想要充分發揮通路優勢，就要發揮其競爭特性。這是企業獲得競爭優勢的重要途徑之一。那麼，如何充分發揮企業的競爭特性呢？我們主要從兩個方面進行改進：

其一，控制交易所產生的費用。

控制交易費用，也就意味著企業要精簡通路的中間流程。這是因為想要減少交易費用，就要利用中間商來減少交

易的次數；但如果通路的中間流程過多，反而會使其他費用增加，企業消耗的總體費用上漲。因此，企業為了縮減成本，必須全方位考察市場，衡量每個流程的利潤得失，以確定最適合的通路流程數量。

其二，對通路資訊的掌控。

企業對資訊獲取的便捷性和對所獲資訊的掌控力，在相當程度上左右了市場競爭的成敗。所以說，資訊是企業重要的策略資源。市場中的通路，對資訊的接受能力和控制能力是各不相同的。企業在進行通路選擇時，應該優先考慮那些有利於資訊交流傳遞的通路。除此之外，企業還必須注意對通路的安排。只有通路布點合理，才能夠真正發揮其資訊傳遞的作用。一般來說，通路的分布要貼近目標市場，利於消費者的認知、選擇和對比。對於通路內的競爭壓力，企業可以選擇發揮自身優勢，張揚品牌特性，與競爭對手一爭高下；也可以另闢蹊徑，創造出一種「內斂、高雅、不屑與世俗爭鋒」的格調，將銷售點設定在遠離鬧市區的地區，開發那些具有獨特品味的、追求階級差異的客戶，開啟高階市場。

此外，還要全面考慮產品所涉及到的單位價值、產品的耐久性、體積大小和重量、產品的技術性和銷售服務等各個方面。一般來說，產品的單位價值愈低，銷售線路就會愈

長；反之，產品的單位價值愈高，銷售線路就會愈短。這主
要的原因是因為生產商沒有辦法為成千上萬個小額訂單進行
包裝、開票和送貨，只有透過中間商才可以大大簡化這種銷
售業務。而且，由於零售商銷售的商品品項繁多，也不可能
為了進貨就去和大量的生產商打交道。為了節省運輸和保管
的費用，所以，那些體積比較龐大和笨重的產品，就應該盡
可能地縮短銷售路線。

　　除此之外，企業還要注意考察通路商的多種能力，如通
路上與目標市場的距離、物流和倉儲是否有保障、是否將企
業產品列為銷售的重點、是否有能力進行產品的銷售過程中
的技術性服務，以及經銷商自身的市場信譽、資金周轉情況
和通路管理能力等等。如果企業的產品為注重銷量的日常
消耗品，那麼就要注重選擇一些進行多類產品經營的通路商
了。這樣，企業就能夠在相當程度上保證銷量得到明顯成
長。如果企業的產品是類似牙刷、梳子、香皂或是咖啡、茶
包等，還可以嘗試開發酒店作為新的銷售通路以推廣自己的
產品。

● 公共型行銷通路

　　公共型行銷通路是一種全新的通路概念。所謂的公共性
行銷通路，就是指一種區別於傳統的企業自建通路，透過搭

建大型的行銷通路平臺，為一個或多個行業的企業提供市場行銷通路服務的新型行銷通路。例如，我們所熟知的沃爾瑪超市等商業零售終端。在這裡，我們的研究重點將會放在為單個行業的企業進行服務的狹義上的公共型行銷通路上。

與傳統的行銷通路所不同，公共型行銷通路的特點十分鮮明：

▸ 公共型行銷通路是一個完全平等的交易平臺，可以同時為相互之間存在競爭關係的企業提供相同的通路服務。

▸ 公共型行銷通路可以帶給次級經銷商更多的產品選擇和價格優惠。

▸ 公共型行銷通路有效整合了通路資源，充分發揮了通路的資源整合效應，更好地服務於企業。

▸ 公共型行銷通路，因其可以直接接觸消費者，大大縮減了行銷通路中的流程，極大程度上節省了通路成本，使通路資金得到合理利用。

▸ 公共型行銷通路在通路服務的過程中實現了價值的創造，促使了產業鏈向價值鏈的轉向發展。

建構公共型行銷通路十分重要。回顧行業發展史，無論哪一行業，都是一路從艱難坎坷中走來。縱眼望去，二十年前的市場，行銷通路還僅僅只是處在萌芽階段，市場中的主

流還是個體批發戶，最常見的通路終端是雜貨店，整個城市沒有大型超市的存在，就連大型的商場也是寥寥無幾。就在這樣艱難的背景下，經過一批又一批的行銷人不斷探索發展，向西方學習先進行銷理論，彙整出了種種行銷通路理論並加以廣泛應用，從而支撐起市場行銷通路體系的發展。

在這近 20 年的行銷發展過程中，每一次重要的成功，都離不開每個行業、每家企業和公共通路的參與與共同努力。而使銷售行業走向成熟的契機，正是公共型行銷通路。我們來舉幾個例子：如果不是因為超市體系的全面普及和發展，包裝食品和日常用品發展也不會像現在這樣迅速；如果不是大型家用電器賣場的興起和流行，現在的家用電器行業也不會這樣成熟與完善。

讓我們以華人酒品行業為例，來分析一下公共型行銷通路的發展。

雖然華人的酒肆行業，在繼副食商店和餐廳外，又打入了大型連鎖超市這種公共性行銷通路中，但在現在的市場背景下來看，做的還不夠大膽。在未來幾年內，酒肆行業為適應市場的發展，必然會興起像家電行業中的公共型行銷通路終端。同樣，也只有當酒肆行業真正建立起影響力強大的公共型行銷通路後，才能發現酒肆市場中尚存的諸多弊端，才能改進已經出現的諸多問題，預防將要出現的問題，讓酒

肆行業的通路銷售得到良性發展。而這正是酒肆市場成熟發展、逐步實現市場化的有力武器。

1 酒肆行業中公共型行銷通路建構的新時期

前面我們說，酒肆行業的公共型行銷通路建構是酒肆行業發展的必然趨勢，也是一件非常重要的事。那麼，很多人就會產生這樣的疑問：為什麼從前沒有人來做這個通路建構，而在未來幾年內就會快速發展起來呢？這就是我們要說的關鍵點：華人酒肆行業的公共型行銷通路建構機遇時期。

21 世紀初，華人酒肆行業發展迅速。在這十餘年時間裡，在華人致力於酒肆行業的企業的努力下，徹底開創了華人酒肆市場的新格局。無論是傳統的老品牌再創輝煌，還是新品牌的強勢崛起，大都在這日新月異的十餘年裡完成。所以說，這段時間，也是華人酒肆品牌成長發展的關鍵時期。在這一時期裡，酒肆行業的市場銷量和銷售額的成長幅度，遠遠超過其他時期。一路走來，不少人都在驚嘆：現在的酒肆行業的繁榮景象，在從前完全是不可想像、不能預知的。

走出了行業發展的谷底，酒肆行業迎來了自己的春天。現階段的酒肆市場，其形勢和十年前的家電市場十分相似。現如今，在酒肆行業企業的共同努力下，已經影響到了整個自由市場經濟環境，對經濟市場產生了較大吸引。也正是因為這樣，大批次的私人資本、外資資本將目光投向了華人酒

肆行業市場，開始了利益的追逐戰。而那些眼光獨到的投資
者，遇見了公共型行銷通路能夠為酒肆行業所帶來的巨大商
機，進而對酒肆公共行銷通路進行投資建構，以其作為進入
酒肆市場的契機，在酒肆所帶來的利潤裡分得一杯羹。

2. 酒肆行業中公共行銷通路建構的策略性思考

在酒肆行業的公共行銷通路建構中，企業必須充分考慮
以下幾個問題，才能夠保障不會在建構中馬失前蹄。

首先，要充分考慮到酒肆的公共行銷通路建構的時代特
徵。作為一種創新性的行銷模式，公共行銷通路的誕生適應了
社會的變遷和自由市場經濟的發展，有著強烈的時代感。所
以，在酒肆行業的公共型行銷通路建構中，單純靠模仿家電行
業，很難以同樣的方式做到像家電行業的公共通路建構那樣成
功。所以，想要成為一名成功的酒肆行業公共型行銷通路建構
者，就必須能夠充分發掘出符合時代發展的行銷模式，保證酒
肆行業的策略性發展。展現到具體營運中，可以表現為將實體
行銷通路與網路、紙媒、電視等虛擬行銷通路有機結合起來。
以企業品牌的實體行銷通路來樹立並維護產品品牌形象，改善
服務體驗，強化與消費者之間的溝通交流，收集消費者的回饋
資訊；以公共的行銷通路平臺覆蓋酒類市場，將銷售觸角延伸
至每個具有購買潛力的消費者；憑藉網路銷售的即時性和物流
配送的便捷性，最終達到實現酒類行銷的電子商務模式。這種

通路執行模式，不但連線了酒肆企業和消費者，縮短了從企業到消費者之間的距離，同時還能夠有效減少通路流程，縮小通路成本，為酒類行銷的通路扁平化打下堅實的基礎。

其次，要保證公共通路能夠與企業自建通路實現完美對接。想要實現與酒肆企業或經銷商之間的對接，公共型行銷通路就必須能夠同時滿足酒肆企業和經銷商的利益要求。只有做到這一步，才能夠有機會探索在規模效應下的通路模式建構，累積通路建構經驗，逐漸提煉出最適合酒肆的公共行銷通路的合理執行模式。實現了與各個酒肆企業和經銷商的交會對接之後，公共行銷通路才能以通路平臺為中心，形成行銷聯合體，發揮出通路平臺的整合效應，將行售價值得到最大限度的改善。

再者，必須實現公共行銷通路模式的可複製性。經過探索發展提煉出的通路營運模式，必須是可以被眾多酒品銷售終端所學習、操作的。一旦所建立的酒肆公共行銷通路陷入極端的模式之中，就不能再發揮出公共行銷通路的基本作用。因此，為了實現公共行銷通路的擴大銷售規模的基本特性，就要求這種公共行銷通路建構要具有很強的可複製性。另外，只有符合各方要求的中間利益分配機制，才能配合這一新型的行銷通路模式，使其更容易被經銷商所接受運用。我們可以利用兩種方式來完成這個目標：一是透過讓利的方式，來吸引經銷商的加入；二是可以透過培訓等銷售技能教

育或促銷活動刺激銷量的成長，帶動經銷商總體收入提高，提升經銷商對通路的忠誠度。

最後，要注意的是，酒肆行業價值鏈構造的核心流程就是其公共行銷通路模式。縱觀市場，酒肆企業的發展正不斷向著產業化的方向前進。研究酒肆業發展方向，可以得知：雖然產業鏈的組合占相當重要，但是，酒肆產業的最終目的是價值鏈的打造，而不是產業鏈的組建。酒類產品的目標消費者是一個獨特的群體，消費者非常重視購買時的消費體驗。無論是店面的裝潢設計，產品的包裝造型，還是酒品的色、香、味以及口感，無處不展現著酒類消費文化的獨特體驗。如今，越來越多的酒類品牌企業重視消費者的這種對消費體驗的需求，並有針對性地建立其強勢的品牌消費文化。許多企業將目標放在了如何透過消費體驗達到與消費者溝通交流、從而實現價值的創造和傳遞上。而有一些企業，因為沒有形成酒品消費的價值鏈，只好望洋興嘆了。酒肆公共型行銷通路模式的建立，可以使酒肆企業從市場覆蓋的難題中解脫出來，以便將更多的精力投入到產品的研發和品牌價值的建構中去。自然，企業也能夠依託公共行銷通路來進行品牌價值的傳播，藉助公共行銷通路的專業化服務來實現產品的價值轉換，強化消費者的滿足感，最終可以達到提高產品知名度、增加產品銷量的最終目的。

創新終端，經銷商助力品牌提升

企業要與通路終端打造文化共同體、經營共同體、利益共同體和發展共同體，還要以此為基礎，完成商業企業與通路終端的攜手合作，就是為了能夠更好更完善地開展品牌培育工作。作為企業與消費者溝通的橋梁，通路終端造成了傳遞企業產品價值的作用。企業在進行終端建構時，一個重要的任務就是如何才能有效發揮通路終端的品牌培育作用。

● 服務細緻，保障經銷商既得利潤

維護下家經銷商經營的合理利潤是企業與終端共同合作、進行品牌培育工作的前提。因此，企業在進行產品配貨時，要保證合理的價格差，幫助終端有效地提高產品經營能力，在進行品牌培育的同時，進一步保證終端的收益水準有所提升。

1. 注重對終端經銷商進行銷售技能的培訓

企業可以藉助經銷商座談會、產品推廣會和技術培訓會等，針對不同層次的經銷商，展開範圍廣、內容深、針對性

強的培訓，並充分考慮經銷商的自身實力、市場環境和通路結構的差異性，分別向不同類型的經銷商教育個性化的品牌推廣技巧以及產品銷售技巧等。

2. 注重對終端經銷商進行差異化服務

　　企業可以圍繞品牌培育的重心導向，將終端服務分類加以細化。可以按照不同客戶類型，將終端服務劃分為重點客戶、潛力客戶和一般客戶三大類，並據此有針對性地建立起有擴展性質的增值服務、可選擇性大的增值服務以及標準化流程的一般性服務為主題的差異化服務體系。此外，還可以改善終端服務方式，加強與客戶的溝通，在全面分析經營問題和產品發展潛力後，讓客戶自行選擇服務項目，再由客戶經理針對所選內容制定個性化的方案。再者，還要加深終端服務的內涵，可以藉助電子商務等新通路，完善企業與經銷商、客戶以及消費者之間的資訊溝通、資料回饋和產品調查等功能，將資訊的交流由單向變為雙向乃至多向。

3. 注重對終端經銷商進行經營方式的指導

　　企業要制定類似於《客戶經理工作指南》、《零售終端經營指南》等以行銷服務指導為內容的培訓手冊，在培訓會的基礎上加強客戶指導。要從提高品牌上櫃率、關注品牌動銷率和追蹤品牌庫存以和銷售比這三個方面，有針對性地進行目標客戶品牌培育的強化和引導，幫助經銷商改善經營結

構，保障產品的庫存、物流等與銷售情況相匹配，打造並實現最大化的盈利模式。

● 行銷精準，加強資訊溝通交流

所謂精準行銷，指的是企業在對客戶進行精準定位的基礎上，依託現代資訊技術手段，與客戶建立個性化的溝通服務體系，以便企業實現可度量的、低成本的擴張。即企業需要更精準、可衡量和高投資報酬的行銷溝通，需要更注重結果和行動的行銷傳播計畫，還要愈來愈注重對直接銷售溝通的投資。提升品牌培育能力和終端建構水準，其方法之一就是實行精準行銷。企業要加強對客戶資訊的收集與歸納，對客戶進行細緻化分類，根據其特點進行最佳資源配置，努力實現產品服務的精準行銷。

1. 加強客戶的細緻化分類

企業要貫徹落實精準行銷的行銷理念，深入市場進行調查研究，全面分析客戶的購買行為、消費心理和產品定位，並以此為基礎進行定位，採用精準行銷法，有效推廣產品品牌。此外，還可以建立細緻分類模型，靈活運用因素替代法等分析法進行模型分析，建立起以客戶為樣本的立體細分模型。再根據所收集的消費族群大小，以及客戶覆蓋目標消費族群的情況，以此模型為基礎，以具體的市場環境和客戶群

特性等為指標進行分類，精準地直擊目標客戶，力求做到資源的最佳化配置。

2. 加強對客戶消費的研究與分析

有條件的終端可以採用掃描 QR code 銷售的模式，有利於產品銷售資訊的採集與分析運用，為行銷決策的建立打下牢固的數據基礎，同時還會使消費者對終端產生一種正規、可信的感覺。同時，可以展開多種形式的數據調查，以便於研究消費需求、消費族群動向、消費族群對宣傳的接受程度以及對消費引導的喜好等等，建立健全的消費者動態數據資訊庫，展開巨量資料分析。

● 管理嚴謹，嚴格規範終端制度

終端建構並非一蹴而就，而是作為企業的一項系統工程而長期存在。企業必須創新終端管理模式，改善管理手段，嚴格把守市場動態的時效性，保障市場運作規範化，並以此制定科學可行的行銷策略，與終端客戶建立起長期穩定的相互信任、互惠互利的夥伴關係。

1. 採用產品價格引導策略，建立良好的品牌培育環境

保證品牌培育成效的前提，就要保障客戶利益，保障市場的規範化運作。在產品價格的制定上，企業可以將同類產

品的市場價格變動結合自身產品的定位，並將其作為定價的
標準。要分析產品的市場需求量，並根據產品實時價格來決
定產品在市場中的投放量，以求最大限度地提升客戶銷售
量，增加銷售額，實現產品的精準銷售。此外，還應根據價
格引導策略，分析市場中產品的銷售飽和度，控制產品的數
量，以確保市場價格的穩定和品牌成長環境的健康。要注意
的是，在採集市場數據時，要確保所得資訊的時效性、真實
性和準確性。還應建立價格預警機制，在品牌產品價格出現
不健康波動並超過預警限度時，及時對市場進行調整穩控
措施。

2. 確保市場秩序井然規範，營造公平的市場競爭環境

　　要知道，規範的市場運作，與保障終端利益之間，存在
著相互制約的關係。也就是說，想要從根本上保障市場價格
的衡穩，確保終端客戶的基本利益，就必須始終堅持規範的
經營秩序和市場運作機制。想要為品牌搭建一個公平的競爭
平臺，企業必須建立健全並嚴格執行規範的經營制度，加強
通路內部的管理監督，嚴格開展日常監管和定期督查，以確
保產品經營的制度化、規範化。只有這樣，才能保證為品牌
創造一個公平競爭的市場環境。當然，所有終端管理制度在
建立過程中，還應該有相關終端客戶的廣泛參與合作，以確
保制度的合理性和可執行性。

通路創新不能脫離現實

　　企業在通路創新的過程中，必須充分考慮目標市場的社會文化環境，針對不同消費人群的不同文化差異採取相應對策。在制定行銷方案時，要結合具體情況，隨時改變產品不適宜之處。享譽全球的美國可口可樂公司，在剛剛進入中東市場時，也受到抵制。熱烈醒目的紅色一直是可口可樂不變的標誌，但在打進中東市場時，卻遭到了阿拉伯國家人民的牴觸。後來，可口可樂公司經過一系列認真細緻的調查，才終於知道事情的原因。原來，中東國家的人民大多信仰伊斯蘭教，於是可口可樂公司將中東市場地區的產品包裝變為穆斯林所喜愛的綠色，在此基礎上進行了一系列的公關活動，終於將產品成功打入了中東市場。

　　東方龍形的圖案，因其具有優美的造型，豐富的文化內涵，獨具東方韻味和民族特點，深受外商的歡迎。但選用東方龍圖案，也是一件很有學問的事，要特別注意目標消費族群的特殊習俗與偏好。作為亞洲出口產品中極具東方特色的產品之一，帶有東方龍圖案的地毯掛毯受到了大部分外商

的喜愛。在某年的貿易進出口交流會上，東方龍圖案的地毯掛毯依舊是外商爭購的熱門產品。但在同一批次的毯子中，卻有一部分一直無人問津。是品質問題？是顏色不和大眾口味？滿頭霧水的經銷商在經過調查研究後，終於使事情真相大明：原來，在國外，尤其是在華僑群體中，有一種說法十分流行。他們認為，根據東方龍腹下的腳爪數目不同，可以將龍分為吉凶兩種。其中，腹生五爪為吉龍，而三爪、四爪則是凶龍。凶龍入宅，闔家不安，自然沒有人願意花錢。而經過檢視後發現，果然那些沒有賣出去的毯子，絕大部分都是這些所謂的「凶龍」圖案。

由此可見，在進行市場行銷的時候，一定要對目標市場所在的社會文化環境因素進行深刻而具體的了解，要保證所得資訊的精準，絕不能夠敷衍了事，亂了大局。

同樣，產品的包裝樣式、顏色和形狀標識等，也要適宜市場情況，不要犯了消費者的忌諱。

比如說，在亞洲，紅色一直是喜慶的象徵，經常被用於節日慶典等，而在某些國家則不是這樣；巴西人忌諱黃色，比利時人討厭藍色，日本人則不喜歡綠色，而土耳其人認為彩色含有不祥的意味。除了顏色的文化差異外，對於圖形標記，每個國家也有其不同的含義，比如說，在捷克人看來，三角形是有毒物質的標記，而土耳其人則用綠色三角形來標

註免費樣品；在中東的大部分國家，六芒星標記的產品變得不受歡迎，因為六芒星正是以色列的標識。

哪怕僅僅是在自己國內市場，不同地區也有著完全不同的風俗習慣和禁忌。某布鞋廠生產了一種海藍色的新款布鞋，受到消費者的熱烈歡迎，不少外地客戶也前來廠商訂貨。於是，為了拉近和老客戶的關係，這家鞋廠主動為一家外地的大客戶寄送了一批藍布鞋。可是沒過多久，布鞋廠卻收到這個客戶要求退貨的來電。這樣熱賣的產品為什麼會被退貨呢？廠商趕緊派出專業人員，前往當地進行市場調查。原來，在當地，只有辦喪事人家的婦女才會穿這種藍色的布鞋來表示哀痛。因為不適宜市場環境，這批布鞋雖然款式新穎，卻早早地被打入了「冷宮」。

有了這次經驗，這家鞋廠在今後的銷售中也特別注意銷售的目標消費族群的風俗習慣問題。在一年的春天，這家鞋廠透過通路終端調查市場，了解到某一帶有一種特別風俗，每到寒食節的時候，第一年結婚的女子都要送給她的女性長輩每人一雙新鞋子。於是，這家鞋廠抓住機遇，趕在節日前生產出了幾千雙款式各異的布鞋，並將貨物發到當地的商店中，結果這批鞋子很快便銷售一空，鞋廠和終端都大賺了一筆。

從上面的例子中，我們可以彙整出一條經驗：在針對不同的消費族群時，企業要根據群體特徵，制定並實施不同的

銷售策略。並且，在制定銷售策略時，企業還要充分考慮目標消費族群所處的社會文化環境和其民俗傳統的差異所導致的消費觀念的不同。

我們所說的社會文化環境，指的是一個社會群體的總體性的民族傳統、風俗習慣、宗教信仰、文化程度以及因此而產生的價值觀念等種種因素的總和。它既是人類活動所產生的造物，同時又反過來影響著人類的社會活動。我們在對社會文化環境進行分析研究時，主要可以從以下幾個方面來進行：

1. 民族傳統

以華人為例，大多數的華在生活中較為注重勤儉節約，所以，許多人在對商品進行選擇時，往往會將商品的實用性和耐久性作為一個重要的價值參考。而華人又有重禮節、講情義的傳統，喜歡進行情感投資，禮品花費在生活消費中占有很大的比重；而對子女和長輩的重視，則使得人們更願意將錢花在孩子和老人身上，為其添衣置物。而最具有民族特色的傳統節日，則使消費者的購買行為具備了週期性：每逢端午、中秋、國慶、春節等節日，都是消費者購物的高峰時期。此外，近年來在國內興起了西方節日和一些網友的「節日」，因此每年的情人節、聖誕節等，也都是進行商品促銷的大好時機。

2. 風俗習慣

所謂風俗習慣，是指在同一個社會背景下的人，一代代約定俗成的行為模式。無論是飲食起居，還是婚喪嫁娶；無論是日常勞作，還是休閒娛樂，風俗習慣都在潛移默化地影響著人類的活動，對人的消費偏好和消費方式造成了決定性的作用。根據所處地域的不同，其風俗習慣也不盡相同。因此，受不同的習俗影響，消費者對產品的種類、樣式、包裝、規格和品質等均有不一樣的需求。企業在進行銷售活動的過程中，必須特別注意當地市場的偏好，才能在銷售過程中致勝。

3. 宗教信仰

不同的地域往往存在著信仰不同宗教的群體，而不同的宗教又對應著不同的文化內涵和禁忌約束。這些戒律深刻影響著消費者們的生活習慣，無形之中左右了人們對事物的理解、行事的準則和處世的觀念，更為消費者帶來了特殊的市場需求。在制定銷售策略時，要充分考慮產品所面對的市場有無特殊消費行為的存在。此外，企業還應該對目標市場的宗教戒律有所了解，避免在產品的生產、銷售和宣傳推廣過程中，觸犯了宗教信仰，損害了消費者的情感。

4. 文化程度

文化程度指的是目標市場中消費者的受教育程度。一般情況下，會根據學歷來進行劃分。每個地區和國家的受教育

程度，往往和其經濟發展水準相匹配。不同的文化修養，所形成的審美也各有差異，從而在商品購買時的選擇也各不相同。通常情況下，文化程度愈高的地區，其消費者對商品品質的追求就愈高，能夠接納新產品的推行，相比較更容易接受廣告的宣傳，因此，在進行購買行為時，更容易理性消費。所以說，教育程度的高低，在相當程度上影響了當地市場的消費結構，進而影響著企業制定市場行銷策略和產品宣傳推廣的方式。具體來說，在教育程度較低的地區，使用電視廣告、文藝表演或無線廣播的形式進行產品宣傳，效果往往要優於單純「圖片＋文字」的宣傳形式。而在教育程度高的地區，往往較複雜絢爛的廣告而言，更加注重廣告內容對產品本身及其服務的展現，比如產品操作的便捷性、設計的美觀性以及售後維修保養的難易程度。所以，企業在針對目標市場進行產品的生產設計和行銷策略的制定時，還應該考慮當地的文化程度，使產品的複雜性與技術含量與之相適應。

5. 價值觀念

作為社會文化的核心構成，價值觀念無疑是人們日常行為的準則和對事物的評判標準。企業想要深刻了解消費者的消費需求，必須對消費族群的價值觀進行透澈研究，從而有針對性地進行市場行銷策略的制定和執行。除此之外，在執

行市場行銷策略的過程中，企業還要隨著社會文化環境和人群的價值觀念、消費觀念的變化，適當調整行銷策略，使之與市場環境相適應，能夠符合消費族群的消費需求。只有全面了解並掌握消費者的消費心理，才能為產品開啟一條通向成功之路。

第七章

通路服務，時刻不忘服務

通路是銷路，水是服務。許多企業重視通路，卻不重視把服務做好，這是很成問題的。多少企業最後都跌倒在這裡，原來的通路都變成別人的了，實在可惜！

專業通路服務應是強大體系

　　客戶服務體系是優秀企業的重要組成部分。客戶服務體系是一種以客戶為對象的整個服務過程的組織和制度構成。快捷有效的客戶服務體系是保障客戶滿意度的必要條件，不但能夠強化客戶的滿意度，而且還能夠培養客戶對企業的忠誠度，有利於企業樹立品牌形象，有實力的口碑，進而能夠使企業的業務量得到增加。反之，客戶服務體系不夠完善，則會使客戶萌生不滿的情緒，失去對企業的信任與喜愛，長此以往，必定會使企業的業績受到很大的影響。

　　在歐美西方國家，經過了數百年的市場化運作之後，其企業大多數已經建立了「以客戶為服務中心」的銷售理念，並深入到每個人的心中。這種理念被應用到了企業的各項制度之中，其客戶服務體系也相對完善。但還有不少企業依舊抱著「利益至上」的經營原則，忽視了對客戶的服務。

　　行為的差異，其根源必然是思想上的差異。先進國家中的企業往往將客戶視為自己在事業上的合作夥伴，在某種程度上，企業與客戶保持著一種利益共同體關係，企業與客戶

的合作，通常都要強調長期性和細緻周到的服務措施。但若企業將客戶視為服務對象，是與企業不同的兩個利益主體。企業往往為了追求短期利益，而忽視了對客戶的長期細緻的服務。這種思想上的差異性，必然會導致企業對待客戶的服務品質和服務內容上的不同。

除了思想上不夠重視對客戶的服務之外，傳統企業往往還存在著以下幾個方面問題：

1. 忽視了前期服務、中期服務和後期服務是一個不可分割的全過程

許多企業在對客戶提供服務的前期和中期時較為認真負責，一旦商品售出後，就忽視了對客戶的後期服務。這種行為會對企業造成嚴重的聲譽上的損失，進而導致企業的銷量下降。

2. 只注重產品的品質，而忽視了服務的過程

一些企業往往將全部精力都投入在產品的設計、研發上，力求為客戶帶來最完美的產品，但卻忽視了為客戶提供同產品有關的服務。客戶在使用產品的過程中遇到了問題，往往不知道要向誰諮詢，解決問題的流程又太過複雜，業務人員工作效率較低，容易使客戶滋生不滿的情緒。

3. 沒有建立客戶資訊庫，對客戶資訊了解不夠詳盡

國內的一些企業通常只為客戶提供他所需要的服務，而不會積極主動地去了解客戶的需求，為客戶提供貼心恰當的

增值服務。而在對客戶資訊進行收集時，又不注重對資訊的整理與儲存，當同一位客戶再次遇到問題時，往往還要進行重複的資訊收集工作。

4. 缺少明確的客戶服務的方案與制度

除了在客戶遇到問題時提供解決辦法外，一些企業還缺少對產生問題的防範措施，沒有做到防患於未然。對於客戶所遇到的問題，往往只是對問題本身進行處理，而忽視了怎樣防止問題再次發生；也因為沒有硬性的規定，導致不同的人反覆產生同一個錯誤同樣的問題。

5. 員工的「本位主義」思想嚴重

在某些企業中，一些員工認為客戶服務是專門的業務人員的工作，認為客戶所遇到的問題和自己無關，對與自己本職工作關係不大的問題往往不屑於為客戶解答，極易使客戶對整家企業的辦事態度產生惡劣的印象，不利於企業品牌建立良好的口碑。

但隨著經濟發展與國際接軌後，大量的外國企業湧入本土，本土企業已經面臨更多的競爭壓力。在產品品質水準同質化的今天，只有完善企業的客戶服務體系，才能縮小與外國企業的距離，在市場中取得競爭優勢。

建立完善的客戶服務體系，其根本目的是增加客戶的滿意度。建立健全完善的客戶服務體系，就要從樹立企業文化

理念和客戶服務的具體規劃兩方面進行。

　　首先，樹立「以客戶為中心」的服務理念和釐清企業文化核心價值。服務理念和價值核心會對員工產生潛移默化的影響，從思想上轉變員工的工作態度，使員工對自己負責、對客戶負責。這使公司整體的產品價值、服務價值、人員價值和形象價值都能得到極大地提升。同時，也能夠減少客戶的時間成本和精力成本等，從而提高客戶的滿意程度。「客戶滿意是企業存在的理由」，思想觀念轉變得越早，企業的收益也就越大。企業可以透過專門的培訓和討論，使全體員工都能夠意識到，在激烈的市場競爭環境下，只有提升客戶的滿意度，企業才能獲得更多的效益，員工才能獲得更多的利益。從而提高員工對客戶服務重要性的認識，使員工自動自覺地產生持久的服務客戶的行為。如果僅僅在制度上硬性規定，而沒有轉變思想，那麼客戶服務就會徒具其形，而沒有實際的東西在其中。企業必須使員工意識到，服務客戶不僅僅是專業的客戶服務人員的工作，更是全體員工共同所要面對的問題，是整家公司上下一致的文化問題——每個人都必須做到對客戶認真負責。

　　其次，對客戶服務做出具體的規劃。具體規劃主要包括以下幾個方面：釐清客戶服務的內容以及流程，建立完善的客戶資訊庫。

1. 釐清客戶服務的內容，注重服務細節

　　釐清客戶服務的內容，可以使服務價值、形象價值得到提升。客戶服務內容的規定要以企業與客戶「雙贏」的基礎來制定，在考慮企業自身利益的同時，也要兼顧客戶的利益所在。在與客戶接觸的過程中，在滿足基礎服務的前提下，應該關注對客戶的細節服務。這會增加企業價值，減少客戶的成本支出，提升客戶滿意度，自然會使企業獲得更多的收益。在產品品質相當的情況下，較好的服務也會成為競爭優勢。

2. 改善客戶服務流程，重視服務的過程

　　在客戶辦事的過程中，往往會與多個部門發生關係，需要客戶自己去不同的部門接觸連繫，這就增加了辦事的難度，降低了工作的效率，進而使客戶產生不滿的情緒。所以，企業要分析客戶服務流程，盡可能地將其簡化，能夠內部協調的事情就在內部處理解決，保證為客戶服務的便捷性，保證客戶對服務的滿意度。

　　在改善服務流程的基礎上，企業還必須要重視服務的過程。企業只要能夠對服務的各個流程過程充分重視，並加以控制，就能夠保證客戶的服務體驗，使客戶不僅對服務的結果滿意，還會對服務的過程滿意。

3. 建立完善的客戶資訊庫

建立完善的客戶資訊庫，有助於企業提升自身的服務價值和形象價值。客戶資訊庫，主要包括了客戶資訊和所購產品資訊兩方面的內容。

企業對客戶的服務，並不應該隨著產品的售出而結束。一方面，企業要建立客戶資訊庫，收錄客戶自身的資訊、過去與客戶合作的狀況、與客戶的連繫情況、合作時企業競爭者的情況、目前合作的情況以及預計今後可能開展的合作情況等。透過建立和應用這個客戶資訊庫，可以更好地服務於客戶。另一方面，企業要建立產品資訊庫，對自己所出售的產品負責。企業可以透過對客戶回訪，了解其產品設計中在使用過程中實際存在的問題，並針對失誤進行及時改正，採取有效的措施，以預防同類錯誤的發生。將錯誤防患於未然，其重要性等同於對所犯錯誤的懲罰與更正。

如今是客戶至上的時代，只有樹立「以客戶為中心」的服務理念，制定出完善而調整過的客戶服務體系，並嚴格執行，保證為客戶提供優質貼心的服務，增加客戶的滿意度，從而才能夠贏得客戶的喜愛，進而贏得市場，才能夠保證企業的可持續發展。

流暢銷售離不開人性化售後服務

● 什麼是人性化的服務

　　人性化服務，指的是一種以人為本，全心全意為消費者提供優質服務，對消費者進行人文關懷，以便有效提高消費者對服務的滿意程度，從而提升企業的客戶滿意度，最終到達提高企業效益的目的之服務。人性化服務十分關注細節，是一種既貼心又可靠的服務。

　　我們常常能看到很多關於服務的說法。其中最為常見和典型的，有標準化服務、差別化服務、個性化服務等等。那麼，人性化服務究竟是一種什麼樣的服務？它和其他服務又有著怎樣的關係呢？

　　我們常說的標準化服務，其實就是一種規範的保證服務品質的基本服務方式。而不同客戶群體之間存在著差異性，全盤標準化服務無法適應靈活工作的需求，因此，在基於標準化的前提下，出於對客戶需求差異的考慮，對不同的客戶群體提供差別化服務。而個性化服務，則是在差別化服務的

基礎上更進一步，針對不同客戶的不同情況量身訂製的一種專屬化的服務。人性化服務，則是一種服務的根本性改變，是企業服務改善的總體方向和最終目標。

● 在人性化服務中取勝的訣竅

　　缺少基本的服務會使顧客得不到服務需求的滿足；但不論什麼情況都提供超額的服務，又大大增加了企業的成本投入，損害了企業的整體利潤，而服務反過來又會受到成本的約束。實際上，在企業所進行的各項活動中，都有著類似這種情況的種種約束。進行行銷管理，就要把握好一個「度」。這就要求企業要在成本與服務之間形成一種平衡。這種約束不是某個企業所獨有的，而是一種在企業中普遍存在的情況。因此，誰能更好地突破這種限制，誰就更具備在市場中的競爭優勢。

　　人性化服務，同樣需要企業進行成本支出。為了合理地控制成本，企業就要透過對人性需求的分析，將有限的成本支出投入到最敏感的地方，用最少的付出，換取客戶最大的滿意程度。企業要保證所投入的每一筆開支，都用到了顧客的真正需求上。

　　此外，在進行人性化服務時，還應樹立兩個標準：競爭標準和合理標準。其中，競爭標準能夠保證其服務能為企業

贏得足夠的競爭優勢，就是一定要使服務的品質遠遠超過企業的競爭對手；而合理標準，則決定了企業在進行人性化服務時控制成本，即企業不但要使服務水準遠超對手，同時還要保證服務水準的合理性。

當企業的服務成為市場競爭的籌碼時，就不再是一種單純的體力勞動，而是一場智慧和決策的戰爭。這就對企業的服務人員提出了新的要求，一定要開動腦筋，利用自己的才智，真正想客戶所想，需顧客所需，才能做好人性化服務。而人性化服務，將會成為企業在未來的服務競爭中獲得勝利的基礎。

● 人性化售後服務的重要性

從事銷售工作的人，一般來說，都十分重視客戶的開發，而這也正是銷售業務人員自身價值的展現。

有很多企業對於服務缺乏足夠的重視。而服務的完善程度，在相當程度上都能夠影響到企業的健康發展。服務不完善，消費者就不願意進行消費，產品在市場內得不到流通，進而影響到整個經濟體系的健康發展。從小的方面來講，企業的服務不到位，產品就得不到用戶的喜愛，企業品牌就不會得到很好的口碑傳播，繼而失去市場優勢，甚至最後失去整個市場，出現了利益的大幅度虧損。因此，這就要求企業

必須能夠保證產品的品質扎實。

　　此外，產品的售後服務也是一個十分重要的問題。市場的競爭，歸根究柢，還是企業對顧客的競爭。無論是出售的產品還是提供的服務，檢驗行銷工作成敗的標準，還是顧客的滿意度。所謂售後服務，其根本目的，就是要以高品質高標準的服務，來換取顧客的品牌忠誠度。售後服務對於企業的重要性，主要表現在以下幾個方面：能夠擴大消費族群的範圍，發展忠誠顧客甚至是終生顧客；能夠推動以老顧客帶動新顧客的工作進展；能夠提高企業產品的良好口碑；有利於企業品牌形象的樹立；能夠為企業行銷工作的開展奠定牢固的市場基礎；能夠使公司在行業競爭中處於優勢地位等等。

強化服務人員使命感

● 什麼是使命感

　　卡爾・馬克思（Karl Marx）曾經說過，作為一個現實中的人，你就有你的任務和使命。不論你是否意識到這一點，它都是存在的。它是你的需要和你與世界的連繫所產生的。也就是說，使命是一種客觀存在，不以人的意志為轉移。無論你是否意識到它的存在，無論你是否願意接受，這種使命都會伴隨著你來到這個世界上。

　　那麼，什麼是使命感呢？就是在一定的社會和一定的時代中，社會和國家所賦予人的使命的一種感知和認同：使命究竟為了什麼而存在？人為什麼要承擔這種使命？自己的使命又是什麼？自己要透過怎樣的實踐，怎樣的努力，才能完成自己的使命？正是對於這些問題的深入思考，使人產生了強烈的使命感，並在這種使命感的指引下，實現自己的人生價值。

　　我們了解到，在企業文化對員工的推行中，通常都會經

歷這樣的過程：從不了解到一知半解，再到明曉事理，再到對事情產生認同感，最後昇華企業文化。這個過程並非一蹴而就，而是一步一步循序漸進的。讓企業員工產生使命感，這就是企業文化昇華的最高境界。使命感有著驚人的效力。員工擁有了使命感之後，就會以企業大事為己任，為企業貢獻出自己的每一份力量、每一份忠誠，絕不會在企業困難之時，為了一己私利而拋棄企業。並且，擁有使命感，員工會在日常的工作中感受到更多的快樂。

讓我們來舉個小例子，充分說明使命感對員工所產生的影響。

有人看到三個建築工人，正在拚命地修建一所教堂。於是，這個人就去問三個建築工人一個同樣的問題。「你在幹什麼？」這個人問道。第一個工人回答說：「我在堆石頭。」第二個工人回答說：「我在蓋一座世界上最漂亮的教堂。」而第三個工人卻說：「我正在修建一個能夠使人心靈得到淨化的聖地。」明明在做同樣的事，為什麼三個建築工人會有不同的答案呢？其實，這種差異巨大的回答，完全是因為他們對自己所做工作的使命感和認知感不同。使命感在相當程度上，決定了一個人工作的幸福感。

使命感不單單是企業自己的事情，而是企業員工的整體責任。企業的執行，每一步都要由無數員工的努力來完成。

而使命感，則是一名優秀員工的前進動力。具有使命感的員工不會將工作視為謀生的工具，而是認為自己所擔負的職位、自己正在做的事，都是為了實現自我的人生價值。因此，即便是一份非常普通的工作，也能因此展現出耀眼的光輝。

● 強化員工使命感的意義

使命感可以驅策人不斷前進。企業想要得到發展，就必須賦予員工使命感，鼓勵員工認同企業的核心理念，認同企業管理者的感受及態度，認同公司的發展方向，並且堅定執行。具備使命感的員工，在日常工作中會更加投入，更加關心企業的成長發展，以企業為己任，時時刻刻為企業著想。

決定一個團隊的行動方向和行動能力的關鍵因素，就是使命感。使命感是一切行為的出發點。具備強烈使命感的員工，不會被動等待企業分配任務，而是能夠積極主動地尋找工作；不會被動接受工作環境，而是能夠積極主動地去探索研究，盡自己所能改變不良的狀況。因此，作為領袖，不能單純地為了一份薪水或是為了自己的上司而工作，而是要刺激員工的使命感，使員工為了心中的那份夢想與期盼而不斷奮鬥。

在現代社會中，許多人的工作目的十分簡單：工作嘛，不就是為了賺點薪水，養家餬口，能在社會上生存下去。這並沒有錯，人工作的原本目的本是如此。但在最基本的目的達到之後，如果沒有更高更遠的目標和理想，人就會停滯不前，企業也得不到發展。為什麼在所得已經足夠生活之後還要工作？為什麼世界上那麼多的富豪同樣還在辛勤工作？答案很簡單。他們在工作中所追求的並不是金錢，而是一種使命感，是為了實現自己的人生價值。金錢只不過是在實現自己人生價值中所得的附加品罷了。世界上絕大多數存在百年的企業，都有著自身的崇高使命：比如說，迪士尼公司，讓世界更快樂；Nike 公司，體驗競爭、獲勝和擊敗對手的感覺；IBM 公司，無論是一小步，還是一大步，都要帶動人類的進步。

● 培養員工的使命感

企業想要做到使員工具備使命感，首先就要使員工對企業產生歸屬感和成就感，這樣才能發揮出員工自身最大的價值。員工在企業中有安全需要、社交需要、被尊重和認可的需要以及實現自我價值的需要。想要實現這些需要，首先就必須讓員工明白自己工作的意義，明白自己到底具備怎樣的價值，保持自己每天的工作都與企業的整體目標一致，保

證自己所做的工作都是企業發展中所必不可少的。只有使員工真正相信自己所做的工作都是有意義、有價值的，員工才會產生工作的動力。要知道，有價值、有意義的工作，才是員工為之付出努力的根本動力。因此，要使員工認同自己的工作，認為自己的工作有價值，才能更好地發揮出他們的能力。

再者，還要讓員工在工作中獲得滿足感和成就感。這就需要當員工在工作上取得一定的成績和進步時，企業要及時表示出認可的態度，適當進行表揚和獎勵。這樣做的好處在於，能夠以最大限度鼓舞員工工作的積極性，有利於培養員工對企業的責任感。

此外，保證員工高效工作的前提，就是營造一個健康穩定和諧的工作環境。企業要為員工營造一個清潔、舒適的工作場所，營造一個和諧、穩定、氛圍正面活躍的工作環境，才能最大限度地促使員工刺激自身潛能，提高工作效率。這對企業樹立形象和員工自豪感的培養十分重要。同時，企業還應該關注員工的身體健康，及時控制並緩解員工的工作壓力，傾聽員工對工作的抱怨，時刻關心員工的疾苦。企業還要盡量掌握員工的生活情況，提高對員工工作、生活和學習上的關懷力度，為員工排憂解難。要使員工意識到，企業就是員工最堅實的依靠。當員工對企業產生了歸屬感的時候，

自然會將企業的事情當作自己的事情來完成，竭盡所能地做好每一個流程。

　　這樣，在企業的策略目標和核心價值的指引下，每一位員工都認為自己所從事的工作不但關乎自身的命運，同時也關乎著企業的發展壯大，進而在內心萌生出強烈的使命感和責任感。當企業面臨困境之時，員工也能夠和企業共渡難關。

保證服務的及時性和準確性

● 服務通路策略的定義及意義

　　服務通路策略，就是指服務企業在為目標消費者提供服務時，對其所使用的位置和通路做出的決策。它主要包括如何把服務交給顧客和應該在什麼地方進行此項活動。在服務行銷的過程中，企業應當找到合適的交付服務的方法和地點，並據此制定通路策略，方便顧客進行產品或服務的購買、使用和受益，並藉此在市場上具備一定的競爭優勢。

　　我們以下方的合作為例來認識服務通路策略的重要性。

　　2005 年，A 公司和宏碁達成合作共識，成為了宏碁電腦在某個大市場的總代理商。隨即，A 公司便啟動銷售，在當年最後一個季度使營業額成長 500%，這無疑是一個奇蹟。在這一成績的鼓勵下，整個團隊團結緊密，始終保持著高昂的鬥志和正面的工作態度，不斷重新整理原有的銷售紀錄，使銷售目標遠遠超過原定的計畫。

　　在短短幾個月的時間裡，A 公司就創下了一個銷售佳績，

A公司迅速開展與宏碁相關聯的業務，迅速完成了宏碁銷售通路的建構鋪設，將宏碁這個品牌在市場中成功地營運起來。那麼，A公司究竟是如何取得這樣令人矚目的成績的呢？

對於A公司來說，宏碁無疑是個全新的挑戰。宏碁擁有龐大的產品線和豐富的潛在消費市場。為了使宏碁得到更加完善的服務，同時也是為了證明A公司自身靈活強大的銷售能力，A公司專門為宏碁量身打造了全新的營運團隊。這支營運團隊，其成員全部由行業中最菁英的人才組成，並且開創性地營運互動式的雙線式管理模式。

什麼是互動式管理呢？這是一種「你中有我、我中有你」的相輔相成的管理模式。在這種模式中，團隊的管理者和執行者不再是對立關係，而是一種平等且相互交換的身分，管理者和執行者不斷進行著同一種職能下的角色轉換。在這種模式中，管理者會給其下屬更多的機會，使他們能夠參與到管理之中，能夠進行思考、做出判斷並制定計畫等，使其成為「參與者」，從而發揮出最大的潛能。

從組織結構方面來講，互動式管理模式就是指一個將服務作為主導的團隊。在這個團隊中的上層結構，是由產品部、區域業務部和內部業務部組成。不過，不同於各個部門獨立營運的普通模式，在A公司的宏碁團隊中，這三個部門的業績是捆綁在一起的。三個部門除了負責各自原本的職能

外，還要同時兼顧另外兩個部門的工作，形成緊密的聯合關係。雖然說，這種組織結構有其弊端，三個部門的工作在一定程度上有所重複，但對於一個新啟動的專案來說，這樣做的好處是顯而易見的。每個部門之間配合密切，相互合作，既不耽誤自己原本的工作職能，又能使服務的全面性和連貫性得到保證，無疑是一種非常可靠且十分高效的營運模式。

事實上，在以服務為主導的同時，互動式管理模式既保證了部門之間的緊密合作，又能夠在進行重要決策時，使終端銷售也參與到討論之中。這樣，各方共同研究，相互協助，共同尋找最佳的解決方案。這也就意味著，在這個團隊中，並沒有絕對的執行者和管理者的區分。在銷售中，只有真正成為銷售過程的參與者，才能使每個部門都釋放出最大的潛能，當這種資訊的互動廣泛存在於整個團隊之中的時候，就會達到我們所希望的最終效果：那就是能為客戶帶來更加全面、更加優質的服務，並且，團隊也因此而達成了更加出色的銷售業績。

大家都明白，實現銷售才是經銷商最重要的目的，A公司也不例外。從A公司與宏碁的合作開始，僅僅用了一個月的時間，銷售額就達到了3,000萬元；而在第二個月的時候，其銷售額就飆到了令人吃驚的一億多元。這樣優秀的業績背後，除了團隊成員的不懈努力之外，這種營運互動的

「雙線式」銷售模式功不可沒。

在現在的市場背景下，各個企業所生產的產品，無論是在功能、外形設計，還是價格和品質上，差距越來越小。因此，在今後的市場發展中，產品競爭的主要方面，就在於公司品牌形象、通路整合以及售後服務的品質等指標上了。

● 提供完善的服務與支援

現在，除了價格和品質問題，企業已經將如何為用戶提供更好的服務與技術支援，放在了最重要的位置之上。而這些問題，正是產品進入市場的關鍵因素。從單純的製造商向服務商進行轉變，其推出的精緻成套裝務，不僅滿足了用戶對產品的售後服務需求，同時還以虛實融合的方式，從售前、售中、售後等各個流程，為消費者帶來最貼心的人性化服務。由於真正做到了從消費者的角度來進行思考，在滿足消費者本身的服務需求外，更是做到了超額服務，因此，在成套精緻服務推出以後，就迅速得到消費者的一致好評。也正因為這樣，才能使公司能夠在經濟市場不景氣的情況下，依舊逆風高飛。

業界學者表示，在當今網際網路時代，企業獲取用戶資源、贏得用戶喜愛最關鍵、也是最有效的通路就是服務。那麼到底應該如何提高服務品質呢？

其一是硬體方面，也就是工作流程和工作方法。工作流程不能僅僅落於紙上，而是要落實到企業的行動中去，並以此為依據，對有服務需求的客戶進行引導。此外，還要對工作技能進行熟練掌握，同時具備充足的自信心。只有熟練掌握工作技能，才能在最短的時間為客戶提供滿意的服務，才能進一步提高工作效率，使客戶感到企業服務的方便快捷。

其二是軟體方面，也就是企業員工的工作態度、工作精神和意志力。工作態度是決定一切的根本。因此，在進行客戶服務時，必須端正態度，絕對不可以感情用事，要時刻牢記自己的工作原則，凡事以客戶為中心，多為客戶著想。只有完善這種以客戶為本的意識，才能真正提高員工的自身工作素養，進而提高企業的整體服務品質。

此外，想要提高服務品質，還必須做到提高服務意識。企業必須認真研究以下幾個問題：應該怎樣進行服務？怎樣更好地進行服務？這就要求企業需要做到比客戶更了解客戶的需求，並且真正明白產品的定位；需要加強企業主動服務的意識，不能一味地等待客戶上門投訴或者尋求幫助；要真正了解每一位客戶的不同需求，不要對客戶加以其並不需要的服務；已經承諾客戶的服務一定要及時、準確、有效完成，最好可以打好提前量；還要確保企業交給客戶數據的準確性和時效性。

1. 企業要做到積極主動地為客戶提供服務

企業的業務人員在與客戶溝通時，特別需要擺正自己的位置。要深刻意識到，服務人員不能只是被動地作為服務的提供者，而是要積極主動地為客戶提供服務，要做主動的技術支援者。

在對以往的為客戶提供服務的經驗中，我們能夠發覺現在的客戶相比較從前更加注重服務人員的主動服務意識。客戶希望得到的是企業時時刻刻的關心和無微不至的服務。他們不再滿足於僅僅是沒有差錯的服務，而是更希望能夠看到服務人員在服務中的創新，希望能夠得到服務人員所帶來的意料之外的驚喜。所以，企業在解決客戶的問題時，就必須更加積極主動，要靈活服務、彈性服務。永遠不要覺得滿足，要更加積極地為客戶尋找更好的解決辦法，這正是展現了企業認真負責的態度。

2. 企業首先要做好常規服務，再進行增值服務

客戶對服務的需求在變化，服務人員就要根據客戶需求的變化，而改變其客戶服務的概念。這就需要企業服務人員能夠打破常規的束縛，跳出傳統的框架，在自己成本許可和能力範圍內，最大限度地為客戶提供「加分服務」。好的加分服務能夠為客戶帶來意外的驚喜，也會因此在客戶心中留下美好印象。但凡事過猶不及，服務人員在提供加分服務

時，一定要事先確定好客戶是否喜歡這項服務。如果沒有掌握好服務的限度，這些增值服務反而很容易引起顧客的反感。所以，在進行增值服務之前，一定要釐清常規服務和增值服務的主次關係，首先將常規服務做好、做全，然後再考慮在我們力所能及的範圍內，適當對客戶提供一些增值服務。

　　企業的客戶服務人員是企業中與客戶溝通交流的主體。作為客戶服務體系的核心，客戶服務人員所表現出來的服務品質、自身素養以及業務修養和服務精神，都會透過溝通與交流傳遞給客戶，進而透過客戶傳遞給更多的人。也正是這些勤勤懇懇兢兢業業服務人員的存在，才使得客戶服務更加人性化。

案例解析：聯邦快遞用服務擄獲客戶的心

　　聯邦快遞的創始者費德里克·史密斯（Frederick Smith）認為，要想長久地維持客戶關係，關鍵是要提高快遞的服務水準。他曾經有過這樣一句名言：「想稱霸市場，首先要讓客戶的心跟著你走，然後讓客戶的腰包跟著你走。」聯邦快遞在全球的運送服務——電子商務的興起，為從事快遞的服務業者提供了良好的機遇。在電子商務的體系之中，很多企業之間可以透過網路的相互連線，快速傳遞各式各樣的必要資訊。但是對於一些企業來講，如何運送實體的東西卻一直是一個比較難以解決的問題，尤其是對於那些產品週期短、跌價的風險很高的電腦硬體產品而言，在接到顧客的訂單之後，迅速取得物料、組裝與配送，才能降低庫存風險、掌控市場先機，這是關係到要讓客戶的心跟著公司走的非常重要的一個課題。尤其對於透過網路進行直銷的戴爾電腦來講，如果能借助聯邦快遞及時配送服務，就能提升整體的運籌效率，可以有效地規避經營風險。那些經費和人力都不足的中小企業，更難建立獨立的配送體系，這時就可以藉助聯邦快

遞的幫助，來完成貨物的配送。

　　聯邦快遞就是要成為企業運送貨物的管家，就要與客戶建立良好的資訊互動流通模式，使企業能在不增加大筆資本投入的情況下，也能掌握自己的貨物配送流程與狀態。在聯邦快遞為了能讓客戶的心跟著走，藉助網址，所有的顧客都可以同步追蹤貨物的狀況。如果免費下載實用軟體，還能進入聯邦快遞協助建立的亞太經濟合作組織關稅資料庫，而線上交易軟體 Business Link，可以協助客戶整合線上交易的所有流程——從訂貨到收款、開發票、庫存，一直將貨物交到收貨人的手中。這樣就使沒有店鋪的零售企業也能以較低的成本迅速在網路上銷售。

　　聯邦快遞特別強調，要針對顧客的特定需求，結合公司的大小、生產線的地點、業務辦公室地點、客戶群的科技化程度、公司未來的目標等，與顧客一起制定配送方案。聯邦快遞還有三個層面的高附加價值服務，一個是聯邦快遞提供貨物的維修運送服務，將已壞的電腦或電子產品等送修或歸還所有者，提供接受訂單與客戶服務、倉儲服務等功能。協助顧客合併行銷業務，幫助顧客協調產品元件運送的整個流程。過去是顧客自己設法將零件由送到終端顧客的手中，而現在快遞業者就可以完全代勞。聯邦快遞服務幫助顧客節省了大量的倉儲費用，貨品交由聯邦快遞運送給顧客，還能準

確掌握貨物的行蹤，所以當然願意利用聯邦快遞系統來管理貨物訂單了。

聯邦快遞客戶服務資訊系統主要有兩個：一個是一系列的自動運送軟體，比如 Power Ship、FedEx Ship 和 FedEx inter NetShip；一個是客戶服務線上的作業系統 Customer Operations Service Master On-line System，COSMOS。為了協助顧客上網，聯邦快遞向顧客提供三個版本的自動運送軟體，有微軟版的 FedEx Ship、DOS 版的 Power Ship 和網路版的 FedExinterNetShip。利用這些系統，客戶就可以很方便地安排取貨日程、貨物追蹤等等事宜。聯邦快遞也可以透過這套系統隨時了解顧客寄送的貨物，以便預先得到資訊，幫助運送流程中的整合、調派等。聯邦快遞透過資訊系統的運作，建立全球電子化服務網路，差不多有三分之二的貨物是透過 Power Ship、FedEx Ship 和 FedEx inter NetShip，進行訂單處理、包裹追蹤、資訊儲存和帳單寄送等。

良好的客戶關係單靠技術是絕對不能實現的，在提高顧客滿意度方面的具體方案有建立呼叫中心，隨時傾聽顧客的聲音。聯邦快遞呼叫中心的員工，主要任務就是接聽成千上萬的電話，並且打出電話主動與客戶連繫，積極收集客戶的資訊。呼叫中心的員工通常是顧客接觸到聯邦快遞的第一個媒介，因此這些人的服務品質非常重要。呼叫中心的員工首

先要經過一個月的業務培訓、兩個月的實際操作訓練，掌握與顧客打交道的實用技巧，經過考核合格後，才能正式接聽顧客的來電業務。為了了解顧客的需求，聯邦快遞公司有效控制呼叫中心的服務品質，每個月都會從每個員工所負責的顧客中抽出 5 人，打電話詢問他們對服務品質有什麼評價、需求和建議。一線運務員與顧客密切接觸，為了符合企業形象和服務要求，聯邦快遞還在招收新員工時做心理和性格測驗。對新進員工灌輸企業文化，接受兩週課堂訓練，然後是服務站訓練，再讓業務熟練的運務員帶半個月，最後獨立作業。

聯邦快遞最主要的管理理念：善待員工，讓員工熱愛工作、做好工作，宗旨是主動為顧客提供服務，才能讓顧客的心跟著走。聯邦快遞分公司還向員工提供經費，鼓勵員工學習感興趣的語言、資訊技術、演講等新事物，以幫助提高工作品質。當聯邦快遞公司利潤達到預定指標後，就會為員工加發紅利，甚至可達到年薪的 10%。

第八章

網路行銷，行動網路時代的通路行銷模式

網路行銷是網路經濟時代的一種嶄新的行銷理念和行銷模式，是指藉助於網際網路、電腦通訊技術和數位互動式媒體來實現行銷目標的一種行銷方式，是行動網路時代最重要的一種通路行銷模式。

網上直銷，區別傳統分銷通路的利器

● 什麼是網路行銷

近年來，由於網際網路的迅速發展，全世界網民的數量呈現幾何式遞增，其資訊的交換與流通範圍廣、速度快、操作便捷，因此被看作是繼廣播、報紙、雜誌和電視之後的第五大傳播媒體，即數位媒體。也正因為如此，網際網路也被愈來愈多的商家企業視為行銷的新通路，從而倍受青睞。

所謂網路行銷，顧名思義，也就是指以現代行銷理論為基礎，利用網際網路進行產品和價值交換的過程。也就是說，這是一種企業和消費者藉助網際網路進行交流，並使消費者產生消費願望或消費行為的過程。在這個過程中，企業將最大限度地滿足顧客的消費需求，以便達到開拓市場、增加銷售額、獲取銷售利潤的目的。這種行銷，通常採用了直銷的模式，以網際網路代替傳統銷售媒介，並跟蹤產品直至到達消費者手中。在這個過程中，囊括了市場調查、市場分析、產品開發、銷售策略和資訊回饋等幾個方面。

在網路行銷中，銷售平臺將透過圖片以及文字形式，進行自身或代理的產品的展示，達到吸引消費者的目的。其中，消費者對所展示產品的瀏覽、選擇、購買行為的產生完全受個人意願所支配，避免了強制推銷行為的發生。而這一點，也正是網際網路對傳統資訊的傳播機制所帶來的新的改變。要知道，在傳統通路的行銷方式中，傳播方式總是單方向、強制性的，而在這種新的行銷方式中，其資訊溝通機制則是一種基於企業和用戶之間的雙向的個性化的溝通服務體系，企業所寄送的產品資訊，都是按照消費者的購買意向所選擇的。

對於市場行銷的理解，由網路行銷為我們帶來了新的認識。「提供完整的價值過程，超越公司內部傳統的分工界限」，這正是網際網路為我們帶來的新理念。網際網路的發展，對市場行銷功能也有相當程度的強化：

1. 對產品和服務行銷方面的強化：主要展現在產品分銷、產品演示、產品的市場定位、產品價格的確定、行銷策略的制定和夥伴關係的維護等方面。

2. 對銷售完成方面的強化：主要展現在透過經銷商達成貨物訂購、授權等方面，完成貨物由生產者流向最終消費者的過程。

3. 對顧客和業務跟進方面的強化：主要表現在企業進行市

場調查，以便釐清消費者的市場需求，並對自身業務進行測評，以判定是否滿足市場需求等方面。

4. 對提供顧客服務與支援方面的強化：主要展現在企業的技術支援、完善客戶服務、建立便捷快速的資訊查詢系統、產品的維護保養和售後保障等方面。

5. 對企業進行品牌建構和產品宣傳方面的強化：主要展現在對產品及服務的資訊傳遞、品牌形象的樹立、產品及服務的口碑，以及對消費者和各級經銷商的資訊提供等方面。

6. 對加強與客戶之間的溝通方面的強化：主要展現在消費者回饋資訊的收集整理、與消費者的交流溝通和消費者對企業和產品資訊的查詢等方面。

理所應當，要開展網路行銷就必須透過網際網路通路。目前透過網際網路通路進行行銷的主要有兩種形式：其一，就是利用網路上其他人所釋出的資訊和電子郵件；其二，則是建立自己的網站，並將資訊釋出在上面以供他人瀏覽。前一種方式，缺乏自己專門的網路銷售平臺，因此，不論是對展示資訊的範圍還是深度都要遠遠遜色於後者。

● 網路行銷與電子商務的關係

1997 年 11 月 6 日，國際商會在法國首都巴黎舉行了世

界電子商務會議。在會議上，國際商會對電子商務做出了相應的定義：認為電子商務是指整個貿易活動的電子化，交易各方以電子交易的方式進行商業貿易，而不是透過當面交換或者直接面談的方式，所進行的任何一種形式的商業貿易。電子商務是多種技術的集合體，包括交換資訊（如電子郵件以及電子數據交換 EDI）、獲得資訊（比如電子公告牌和共享資訊）以及自動捕獲資訊（如條碼）等等。這是迄今為止關於電子商務最有權威的概念闡述。實際上，電子商務與網際網路之間並沒有必然的連繫，僅僅是強調了商貿活動的電子化。

IBM 公司則認為，電子商務是一種建立在網際網路的廣泛傳播，以及豐富的資訊技術資源的基礎上，利用了電子方式來進行商務資訊交換、開展商業活動，而產生的一種相互關聯的動態商務活動。企業開展電子商務，其主要目的在於縮減行銷成本、提高銷售業績、推動產品上市、提高工作效率，以及為客戶提供更好的服務。企業在實施電子商務時，可以分三步進行：①實現企業內部網路。②實現企業之間網路。③實現交易電子化。

由此我們可以看出，國際商會對電子商務的定義更強調交易的形式；而 IBM 公司，則更加強調交易的基礎。但他們的共同點在於交易方式的電子化。因此，也有人將電子商務

單純地認為是藉助網際網路網頁來進行的網上交易。

　　網路行銷和電子商務的區別與連繫在於包含與被包含的關係。網路行銷是電子商務的一項內容，從屬於電子商務；而電子商務則是以網際網路為基礎開展的商務活動的總和。在進行電子商務活動時，還要同時解決因此而產生的法律、安全、技術、認證、支付與配送等關鍵性問題。而網路銷售的主要內容則是利用網際網路達到與客戶之間的資訊交流的問題。

　　因此，國內企業在發展電子商務的過程中，應該首先從發展網路行銷事業做起，經過不斷完善企業的網路平臺，從而實現從網路行銷到電子商務的過渡。

● 網路行銷的優勢所在

　　與傳統直銷通路相同，在網路行銷的過程中同樣沒有中間商的存在。同時，網路行銷通路和傳統的直銷通路一樣，也必須具備訂貨、支付、產品的物流配送等功能。但與傳統直銷通路不同的是，企業可以透過建立網路行銷平臺，使消費者可以直接在平臺上進行商品預訂，並透過企業與某些電子商務服務機構的合作，來實現直接透過網站進行商品的支付結算等功能，大大簡化了傳統直銷通路的資金流轉等問題。而對於產品的物流配送問題，企業既可以利用自身建構

的物流系統，也可以與專業的物流公司進行合作，建立快捷有效的物流體系。

相比傳統的分銷通路，不論網路銷售採用哪種行銷方式都具有更大的競爭優勢：

首先，網路行銷藉助網際網路的雙向互動的特性，完成了由過去的單向資訊溝通到雙向溝通的轉變，使消費者和企業之間的資訊溝通與交換更加快捷直接。

其次，網路行銷在進行相關服務時較之傳統通路更加便捷有效。一是消費者可以透過企業提供的網際網路支付功能，直接在網上進行產品的預定和款項的支付，不用為此操心物流配送等問題，而企業也不必擔心貨款的回收問題，大大方便了消費者和企業二者的需求；二是企業可以透過網路行銷通路，為消費者提供相應的產品售後服務和遠端技術支援，不但使消費者獲得了更大的方便，還減輕了企業的成本付出，以最小的成本滿足了消費者的售後需求。

最後，網路行銷通路大大縮減了傳統分銷通路中的流通流程，既提高了行銷效率，又降低了銷售成本。同時，網路行銷通路使區域市場的限制不再明顯，透過網際網路企業可以接到全國乃至全世界有消費需求的客戶訂單。並且，企業可以按照客戶訂單量進行產品的按需生產，在相當程度上實現零庫存管理。再者，網路行銷通路不需要傳統通路那種靠

業務員跑業務的推銷方式，大大減少了因此產生的高昂的成本支出，最大限度地控制行銷成本。並且，透過網路行銷平臺，企業與消費者之間能夠實現資訊的高度透明，提高消費者對企業的信任度和忠誠度。

口碑行銷：網路口碑也是通路

● 口碑行銷的重要性

網路口碑行銷（Internet Word of Mouth Marketing），簡稱為 IWOM。

顧名思義，網路口碑行銷即是網路行銷與口碑行銷相結合的產物。在網路口碑行銷傳播學中，認為人對於資訊的接收是有一定限度的，因此，在對資訊的接收中會具有一定的選擇性和過濾性。所以，只有使人感到舒服或熟悉的資訊，才有更多的機會得到認知和關注。從廣告心理學的角度來闡釋，則是消費者由於優先的知覺容量，因此不能夠感受到眼前全部的廣告，其對廣告的反應具有明顯的選擇性和局限性。並且，在外來刺激超過人們的承受力時，就會使消費者產生心理排斥。也就是說，過度進行轟炸式投放廣告的行銷行為並不會造成很大的正面影響。因此，這種行銷推廣手段逐漸遭到業界的質疑，而網路口碑行銷的價值則逐漸顯露出來，越來越受到行業者的重視。

　　網路行銷基於網際網路，而網際網路的作用不僅僅在於產品的銷售。消費者在進行購買行為後，往往會直接在網際網路上與其他人進行產品資訊的溝通與交流，而這些資訊往往會對企業的品牌形象產生巨大的影響。這和線下的口碑行銷其實有很大的共通點，某些老字號商家、地方特產以及企業品牌策略中，都包含著對口碑行銷的應用。網路口碑行銷，基於網際網路的發展而興起的一種網上商務活動，它的發展歷程是從門戶廣告行銷，到搜尋引擎行銷，直至網路口碑行銷的一個發展過程。

　　網路口碑行銷，其宗旨就是利用網際網路的資訊傳播技術，藉由平臺上的消費者釋出的文字、圖片乃至影片等方式為載體的口碑資訊，在企業與消費者之間的互動交流，從而達到為企業開闢行銷新通路、增加收益的目的。並且，這種新的行銷模式是與市場環境相適應的。簡單來說，所謂網路口碑行銷指的就是消費者或透過網路通路，對產品品牌或服務的相關資訊的分享。

● 口碑行銷的發展歷程

　　口碑行銷可謂是最古老的行銷方式之一了，甚至可以追溯到人類最開始的商品交易時期。那時候資訊傳遞不發達，最基本的媒體傳播都不具備，更別提網路的存在了。消費者

在獲得優質的產品或服務後，透過口耳相傳的方式將資訊傳播開來。這種傳播方式，在當時也算是最快速、便捷的了。一開始，這種口碑傳播完全是消費者自發的行為，商家並未對其進行人為的計畫和控制。後來，逐漸有商家發現這一行銷方式，並加以引導和利用，這才具備了口碑行銷的雛形。口碑行銷可謂是一門古老的行銷藝術，而良好的口碑，則是企業價值品牌的具體展現，更是企業低投入、高產出的行銷策略。如今網際網路等技術發展迅速，口碑行銷也藉此煥發出勃勃生機。

口碑行銷最基本的作用就是藉助消費者的資訊傳播，來幫助優秀的企業產品得到更快的推廣和宣傳，使其品牌形象得以樹立，市場銷量得到成長。由此可見，口碑行銷的作用是加快產品資訊和用戶回饋的傳播速度和傳播範圍，因此只有針對優質的產品或服務，口碑行銷才會造成正面作用。對於本身品質或服務較差的產品，口碑行銷只會為其帶來負面影響。

總體來說，口碑行銷就是一種深入消費者生活，並以潛移默化的傳播方式改變消費者觀念的銷售過程。但在實際應用過程中，不少企業急功近利，以虛假的資訊和噱頭來推動口碑行銷，反而在無形中抹黑了企業品牌形象，損害了企業的利益。事實證明，口碑行銷原本是一種散碎的、穩定但緩慢的長期性的累積影響，企業若想憑藉口碑行銷獲得收益，

就必須長期堅持自身產品的優質，打下口碑行銷的基礎。

企業需要創新，行銷通路更應放在首位。21 世紀後，隨著買方市場和國際市場的不斷發展，隨著知識經濟形態的形成和可持續化發展要求的提出，創新已經成為了企業發展的必然趨勢。口碑行銷的崛起，正是企業創新的具體表現。

在新的行銷模式下，經濟的資訊化程度不斷提高。當今社會是資訊時代，合理利用資訊將會創造出巨大的價值，因此，資訊的重要性不言而喻，資訊本身也就成為了極具價值的產品和服務。企業想要健康、快速、穩定的發展，不僅要收集整理自己所需要的市場資訊，還要將企業的自身資訊準確地傳達給希望接收群體。但不管是推廣還是收集，企業的資訊傳遞都不能僅僅是單方面資訊的傳遞。只有迎合了消費者想要最便捷得到企業資訊的需求，從紛亂繁多的企業資訊中以最快的速度將消費者所需要的資訊推送至消費者面前，才會得到消費者的青睞。正是這種雙向互動、真實可信的特徵，使得網路口碑行銷成為了深受企業和消費者共同喜愛的行銷新模式。

● 網路口碑行銷的形式

網路口碑行銷，無疑是一種非常複雜的行銷模式，它擁有許多可能的根源和動機。作為行銷者，必須了解的口碑行銷的形式，才能做到有備無患：

1. 經驗性口碑行銷

　　在網路口碑行銷中，最為常見的就是經驗性口碑行銷了。這也是網路口碑行銷中最具實力的形式。通常情況下，在整個口碑行銷活動中，經驗性口碑行銷可以占據 50% 至 80%。一般來說，經驗性口碑行銷是消費者在所購買的某種產品或服務遠遠偏離自己的預期時所產生的一種直接反映。即當消費者所購買的產品或服務，與消費者的心理預期相符合時，消費者往往不會對企業或產品做出過多的反應。當產品或服務遠遠達不到消費者心理預期的時候，消費者往往就會非常不滿，採取投訴或甚至更加激烈的應對方法，對品牌帶來負面影響，並最終影響品牌價值。但在產品或服務遠比消費者的心理預期更好的時候，消費者就會非常滿意，並在與他人交流的過程中，向他人表達自己對這次購買的滿意，間接為企業品牌做出宣傳，對企業品牌的樹立和銷售產生極大的正面效果。

2. 繼發性口碑行銷

　　我們通常所說的繼發性網路口碑行銷，就是指某些網路行銷活動所引發的網路口碑行銷傳播。這些口碑的形成，往往來自於傳統的行銷活動所傳遞的資訊。因為所形成的往往是正面的、正面的口碑，所以相比較於傳統的廣告而言，這種繼發性口碑行銷對消費者所產生的影響往往會有更加出色

的效果。並且，這種行銷活動對於市場的覆蓋，其範圍和影響力都是相當大的。

3. 有意識口碑行銷

　　不同於由消費者自行形成而傳播的經驗性口碑行銷和繼發性口碑行銷，有意識網路口碑行銷的傳播是由企業特別策劃出來的。比如我們經常見到，企業藉助某些明星的名人效應來為其產品做代言；或是請一些專家撰寫產品正面的評論報告等行為。但因為有意識口碑行銷的傳播難以控制，效果無法預估，因此很少被廣泛應用。

　　對於這三種形式的口碑行銷，企業在進行選擇和運用時，必須以適當的方式全面對其所能夠產生的影響加以了解，並根據所得資訊加以衡量。雖然這種方法較為簡單，並且有一定的作用，但也存在著一個很大的難題：企業對於不同種類的口碑資訊所產生的影響，很難有詳細的解釋。自然，對於消費者來說，如果某款產品是由家人所推薦的，自然要比陌生人所推薦的來得可靠。雖然有家人或陌生人所傳達的產品資訊是相同的，但對於資訊的接收者而言，其影響力顯然是有著很大差別的。事實上，來自信任度較高的親朋好友的推薦，其影響力是來自消費者並不熟悉的陌生人的數倍。從另一個方面來講，這也是企業正確利用口碑行銷方式的重要性所在。

　　我們已經能夠預見網路口碑行銷在今後的迅速發展了。網路行銷模式的主體、對象和方式不是一成不變的，傳統的那種對消費者進行單項的資訊灌輸，與企業自我標榜的時代已經過去，而以消費主體為占據主動地位的新時期已然來臨。在消費者為主導的今天，既是企業的挑戰，更是莫大的機遇。只要企業能夠轉變陳舊的行銷觀念，創新銷售方法，對消費者和口碑資訊加以引導，將會為企業產品的銷售帶來新的春天。

搜尋：首要的網路行銷工具

　　說到網路行銷，就不得不談一談以搜尋引擎為基礎的行銷模式了。這是最常見、也是最經典的網路行銷方法之一，並且，雖然近幾年，在多種新型網路行銷模式的快速發展帶來的衝擊之下，利用搜尋引擎進行網路行銷已不再像從前那樣有效了，但毫無疑問，搜尋引擎作為人們了解產品的基本方法，仍然是進行網路銷售的第一選擇。

　　要注意的是，人們在使用搜尋引擎時，往往只關注前幾項或前幾頁的內容。因此，在銷售網站的設計過程中，就不得不將怎樣在常見的搜尋引擎上註冊並得到理想的排名，納入必須考慮的問題範疇中。所以，在完成網站的建構並正式釋出投入使用後，就要盡快將其提交到常見的搜尋引擎，以便獲得排名。這是利用搜尋引擎進行網路行銷的基本任務。

　　與網際網路中其他的網路行銷所藉助的平臺不同，搜尋引擎不像部落格、論壇、入口網站那樣按時間收費，而是獨樹一幟，按照實際的點選量進行收費。一些大型的入口網站，其首頁的廣告，一天就要花費十幾萬元；而一些知名的

論壇中的懸掛廣告，每個月也要不少開銷。並且，沒有辦法保證每個進入網站的人都能關注廣告所宣傳的內容並進行點選瀏覽，往往白白浪費了高昂的廣告費。只有搜尋引擎，你所付出的每一分錢，都能換取到實在的點選率。例如 Google，雖然其廣告連結的價格越來越高，但是其用戶卻在不斷增加，其漲勢沒有絲毫倦態。到底是什麼在驅使商家選擇搜尋引擎呢？

搜尋引擎確實為企業產品的宣傳推廣帶來了極大的動力，為企業品牌的樹立夯實了基礎。不論是企業網站還是其他網站，其網站訪問量中占有比例最大的一部分還是來自於搜尋引擎。要知道，作為用戶查詢資訊、產品和服務最主要的方式，搜尋引擎為網站帶來接近十分之九的訪問量。作為網站推廣的方式之一，搜尋引擎較之其他行銷模式，無疑是投資最合理、而回報率最高的。傳統的商業廣告最大的作用在於對品牌的宣傳和新產品概念的展示，而搜尋引擎為商家帶來的是實實在在的銷量。

網路行銷在今後的發展趨勢，依然超過整合網路行銷或是全媒體網路行銷的發展，但是企業以及商家的主戰場，依然離不開搜尋引擎，因為這是兵家的必爭之地。

搜尋引擎以它獨特的被動行銷方式，讓愁於產品銷售的企業有了新的銷售通路，可以足不出戶而得天下買家，基本

告別了像過去一樣單純靠業務員跑銷量的模式。這種行銷模式顛覆了傳統行銷的局限性，具有極大的價值。但是，儘管無數的例項證明，搜尋引擎作為新的銷售平臺稱得上十分優秀，但依舊得不到業界的認可。在這樣的市場形勢下，搜尋引擎不得不迎合用戶的需求，不斷進行調整，甚至犧牲自身的利益。也正因為如此，搜尋引擎必須爭取到更多更好的用戶，才能夠成為網路行銷通路的霸主。

　　現在很多商業網站都存在著一些看似微不足道的小問題，但在專業人士眼中，這些不起眼的問題，表現出的就是網站的不專業。俗話說，千里之堤潰於蟻穴，無數事實證明，在功能相似的網站中，評價較高的那個，總會更加注重細節問題。往往決定網站成敗的關鍵之處，就在於細節的處理。這就是網路行銷中細節法則的具體展現。只有讓企業中更多具備專業知識的行銷人員參與到網站的建構和網路行銷之中，才能真正取得令人滿意的銷售成果。網路行銷平臺不僅是商品的陳列櫃，其更深的作用是有效地向客戶和準客戶傳遞企業核心價值。而這正是中小企業的網路行銷發展的必然潮流。雖然越來越多的企業已經意識到了搜尋引擎最佳化的重要性，但事實表明，這種方式永遠是回報率最高的網路推銷形式之一。

部落格：資訊行銷新通路

　　我們經常聽到這樣一句話：人脈就是錢脈。但人脈資源的建立並非一朝一夕，我們想要達到以最快的速度推廣產品度目標，就只能從其他地方著手了。在網際網路發展迅速的今天，網路上新興的一種分享與交流平臺—部落格，無疑是代替傳統人脈資源的一條優勢新通路。作為一種相對自由且獨立自主的公開平臺，無論是主流名牌產品，還是鄉土特產；無論是優秀的大企業家，還是小吃的老闆，都將部落格當作了自己未來在網路行銷的推廣中非常重要的一條新通路。

● 部落格，網路行銷通路的新寵

　　我們知道，企業產品若是想要打進市場，就要投放在目標客戶群體較為集中的地方，比如說商店街、大賣場、車站或景點等客流量十分龐大的地方。網路行銷也是一樣。如果想要為產品打下一定的知名度，就必須將廣告放在某個點選量和關注程度非常高的開放性平臺上。而部落格恰恰符合了網路行銷的這些必要條件。並且，因為部落格的公開化和自

　　由性，產品也很容易建立其良好的口碑。作為微型部落格的開山鼻祖，Facebook 在上線後短短幾年裡就成就了全球第二大網際網路網站的超然地位，並擁有了全球相信大家絕對不陌生，在 2004 年上線的，短短的幾年時間裡，Facebook 已經擁有了全球二分之一網民的忠實擁護。這種網民聚集度高的公共平臺，就成了網路行銷推廣的首選通路。

　　常見的部落格行銷形式有哪些？

　　大家經常會看到，一些粉絲眾多的部落格帳號，總會原創或轉貼一些帶有明顯品牌特色的微博。這就是部落格行銷的基本模式了。常見的部落格行銷有兩種形式：第一種就是純粹產品推廣，部落格內容是形式直接的廣告；而另一種形式，則是將產品廣告植入自己所發表的內容裡。雖然二者看似區別不大，實際上產生的影響力去並不相同。第一種網路行銷方式雖然簡潔直接，但很容易引起粉絲的不滿，導致訂閱率下降；第二種形式則較為被粉絲所接納，部落格帳號被取消訂閱的機率有所降低，並且廣告內容還有很大的機率得到粉絲的轉播。部落格行銷說到底還是一種口碑行銷，靠的就是用戶之間的轉播推廣。一傳十、十傳百，許多設計獨到的產品廣告，甚至能達到數以十萬計的分享量。

　　既然部落格行銷的效率這麼高，那麼是不是行銷的費用同樣很貴呢？

　　一般來說，大部分的中小型企業都會先培養一個部落格帳號，在擁有一定的粉絲量之後，才開始利用這個帳號進行部落格行銷。而一些大公司沒有時間和精力去一點點培養帳號，又想透過部落格行銷的形式來宣傳推廣自己的產品，於是就會主動和一些粉絲量超高的認證部落客或小網紅連繫，讓這些部落格來幫助自己達成部落格行銷的目的。據了解，在通常情況下，擁有 50 萬粉絲量的部落格，發一則廣告貼文的價格大約為 4,500 元；而擁有超過 60 萬粉絲的部落格，其一則廣告的價格是 10,000 元。從整體效果上來看，部落格行銷的投入比其他媒體通路要少，但僅從點閱率上來看，部落格上的廣告文，在某些時候要比分類廣告網站上投放的廣告所帶來的效益更大。

　　仔細觀察就會發現：現在無論大型網站，都開始實現與部落格的同步。許許多多的商家和網路行銷人員都將注意力轉向了部落格行銷，如果企業還固守在原地，就真的要被時代所拋棄了。

　　當今社會，早已經是智慧行動手機終端的天下了。隨著智慧型手機和平板電腦的發展與普及，各式各樣的手機應用軟體迅速流通起來。在手機通訊軟體中，「Line」可以稱為其中的佼佼者。Line 是一款基於智慧系統的應用軟體，可以透過網路寄送文字訊息、語音訊息、圖片和影片，並支援多人群組聊天的社交軟體。

● Line 行銷的顯著優勢

　　Line 作為時下最熱門的社交資訊平臺，也因為其獨特的媒介特點，為企業的網路行銷帶來了一種全新的行銷通路。與傳統的 PC 端網路行銷不同，Line 作為一款應用於行動終端的 APP 應用軟體，具有能夠隨時隨地連線網路的特點。因此，Line 平臺相比於其他網路平臺，在資訊的傳播推廣方面，具有顯著的優勢：

1. 熟人網路，小眾傳播

　　作為一款手機社交軟體，Line 能在短時間內就被大眾所接受並喜愛，其中一個主要原因，就是其用戶來源。Line 的一大特色，就是它所建立的好友中，都是用戶所熟知的親朋好友。因此說，Line 建立的人際網路，其實就是一種熟人網路，其資訊的傳播是小中傳播，可信度和到達率高，都是其他媒介所不能比的。

2. 形式多樣，便於分享

　　Line 相比於傳統媒體和 PC 終端，其顯著特點就是行動網路技術的應用。這就意味著，用戶可以透過手機、iPad 等行動終端，充分利用生活中零散的時間，隨時隨地地進行資訊的瀏覽與傳遞。Line 藉助其所特有的語音對講功能，結合文字、圖片乃至影片等豐富的媒體形式的傳輸與分享，使資訊的傳遞更加方便、快速、生動。

案例解析：iPhone3G 的口碑行銷風暴

　　蘋果公司早在推出 iPhone 之前，其品牌價值已經名列世界上的前十位，影響力非常大。

　　面對過度競爭的智慧手機市場，CEO 史蒂夫‧賈伯斯（Steve Jobs）有信心利用「蘋果」強大的品牌，繼續顛覆世界的創舉，使 iPhone 最終獲得成功。這並不是單靠 iPhone 的品牌之力，而是「蘋果」品牌所累積的數十年之功，因為 iPhone 僅是「蘋果」品牌的延伸。

● iPhone 的飢餓式行銷

　　所謂的「飢餓行銷」，就是指商品的提供者為了達到調控供求關係，而製造供不應求的「假象」，有意地調低產量，以期維持這種商品較高的售價和較大的利潤率。就是透過調節供與求的量來影響商品的終端售價，以達到加價的目的。但是蘋果公司對 iPhone 採取的行銷，卻並不是那種簡單的飢餓行銷，而是一種極端的飢餓行銷。蘋果公司先告訴市場將有新產品 iPhone 即將面世，之後卻很長時間都避而不

談，幾乎沒有任何 iPhone 資訊，直到市場極端渴望獲得產品資訊時，再對 iPhone 進行簡單的介紹。當 iPhone 正式上市，形形色色的廣告鋪天蓋地的襲來，讓人時時處處都能看到。極度的反差使消費者大有久旱逢甘露之感，往往就會突然迸發購買衝動，於是 iPhone 大獲成功。

這種每隔一陣才透露一點新資訊的手法，使得人們掀起了對 iPhone 討論的聲浪，人氣也迅速提升，人們在不斷地交換資訊，透過這種「飢餓行銷」，成功地運用消費者自身的力量，為 iPhone 做免費的廣告，而且 iPhone 還製造神祕感，展示時刻意將手機畫面上的 12 個圖示隱藏了一個，引發外界的不斷猜測，都想知道隱藏的究竟是什麼新功能？直到最後才公布，是可以瀏覽世界最大的影片網站 YouTube 以及上傳、下載影片的一個令人驚喜的功能。

● iPhone 的口碑行銷風暴

蘋果公司的主要的法寶之一就是口碑行銷，注重培育長期客戶，逐步對消費者進行文化認同的培養。所以一提到 iP-hone3G，就能讓無數的蘋果迷瘋狂，這種現象真讓行銷人士羨慕不已。這款產品不僅能夠提供很多個性化的設計，而價格還出奇低廉，消費者又怎麼能不爭相討論呢？消費者關於產品本身的口碑，就成了傳播速度極快的「病毒」，迅速蔓

延開來。而蘋果公司卻總是限量供應，所以想要購買的人就必須動作迅速，要不然就會搶不到產品。一時間誰都想盡快擁有，而一旦擁有了它，就會身價倍增而變成時尚達人，彷彿一夜之間就與眾不同了。所以這些人非常願意在親朋好友面前盡情顯示與炫耀，往往還會口若懸河地高談闊論一番，於是就颳起了 iPhone 的口碑行銷風暴。還有哪家企業能比蘋果公司更擅長口碑傳播的呢？

蘋果公司在全球擁有數億之多追隨者，而這些人大多數擁有良好的教育背景，更講究生活情趣與生活品質。「蘋果」的追隨者們非常關心時尚潮流的走向，大多數都有自己的網站或是部落格，有的還能夠出版自己的雜誌，還有人甚至是某一個群體的輿論領袖，而所有的這些特徵，便成為 iPhone 優質口碑的傳播源頭。透過對購買 iPhone 的消費者進行簡單地分析，發現眾多 iPhone 粉絲可以劃分為三種：一是時尚人士，因為「蘋果」的產品永遠都是那些走在時尚前端用戶所追逐的目標，而 iPhone 更是有著極強的時尚吸引力。二是影片愛好者，這是因為 iPhone 擁有更好的螢幕與解析度，而且還有內建的 YouTube 影片服務，以及整合的 Wi-Fi 無線應用，所有這些，都為影片用戶提供了良好的應用環境。三是音樂愛好者，iPhone 擁有最高 8G 的儲存容量，加上良好的音樂品質和強大的電池續航能力以及豐富的內容下載，這些對音

　　樂愛好者的吸引力是相當大的。正是由於「蘋果」始終擁有著很大一群忠實的粉絲，這是能夠進行飢餓行銷的基礎，因為粉絲們對「蘋果」有著無限期待和渴望，使得「蘋果」只需要進行少量的投入，卻可以引起民眾近乎瘋狂的口碑行銷，每一個粉絲都成為一個向外迅速擴展的點，影響一大片消費者進行口碑傳播的行銷模式，為「蘋果」贏得聲響。

　　蘋果電腦已經為消費者留下了鮮明的印記，那就是優秀的性能、特別的外形和完美的設計，使「蘋果」電腦意味著特例獨行，意味著「酷」的時尚設計。而 iPhone 也延續了「蘋果」品牌的這些特點，不僅外形非常漂亮時尚、功能非常強大，而且超大的觸控式螢幕，也是客戶為之賞心悅目的賣點之一。在基礎功能方面，iPhone 基本上涵蓋了當前手機終端的主流應用，尤其整合了 iPod 在音樂方面的主要功能，成為吸引用戶的關鍵要素。在完全的基礎應用配備上，iPhone 整合了眾多網際網路應用功能，包括股票資訊、郵件、瀏覽器、地圖、天氣預報等日常應用，以及「蘋果」本身就自有的 iTunes 內容下載服務。在網際網路應用服務整合方面，「蘋果」借用 Google 的強大技術能力，還將 Google-Maps、Google 搜尋等專門開發的 iPhone 版軟體整合在網路瀏覽器中。

電子書購買

爽讀 APP

國家圖書館出版品預行編目資料

服務制勝，提升通路競爭力！成就品牌與市場的
無縫銜接：建構強大服務體系，贏得顧客信賴，
引領市場潮流，實現品牌的創新突破 / 吳文輝 著.
-- 第一版 . -- 臺北市：財經錢線文化事業有限公
司 , 2024.07
面；　公分
POD 版
ISBN 978-957-680-924-8(平裝)
1.CST: 行銷通路 2.CST: 銷售管理 3.CST: 顧客服
務
496　　　　113010100

服務制勝，提升通路競爭力！成就品牌與市場的無縫銜接：建構強大服務體系，贏得顧客信賴，引領市場潮流，實現品牌的創新突破

臉書

作　　　者：吳文輝
發 行 人：黃振庭
出 版 者：財經錢線文化事業有限公司
發 行 者：財經錢線文化事業有限公司
E - m a i l：sonbookservice@gmail.com
粉 絲 頁：https://www.facebook.com/sonbookss/
網　　　址：https://sonbook.net/
地　　　址：台北市中正區重慶南路一段 61 號 8 樓
8F., No.61, Sec. 1, Chongqing S. Rd., Zhongzheng Dist., Taipei City 100, Taiwan
電　　　話：(02) 2370-3310　　傳　　真：(02) 2388-1990
印　　　刷：京峯數位服務有限公司
律師顧問：廣華律師事務所 張珮琦律師

定　　　價：375 元
發行日期：2024 年 07 月第一版
◎本書以 POD 印製
Design Assets from Freepik.com